子どもたちへ環境問題を残したくないと思ったら読む本

＼エコ娘が聞く！／

環境世代へつなぐ女性39人

環境ナビゲーター

上田マリノ

環境新聞社

目　次

はじめに

「なんだか最近天気がおかしい気がするなぁ」
「自然災害が大きくなってる気がする…！」
ここ最近、そんな風に思ったことはありませんか？
2018年、世界気象機関（WMO）が7月に入ってから世界各地で異常気象が起きているという報告をしました。気候変動が原因だという明言はないものの、温室効果ガスの増加との関係について示しました。西日本の豪雨、ヨーロッパからアフリカにかけての熱波、南極では史上最低の気温マイナス98℃を記録。異常気象とは“人が一生の間にまれにしか経験しない現象”と気象庁が定義していますが…。
少しずつ、少しずつ、私たちの生活に地球環境問題が迫ってきていると感じています。果たしてこのままで良いのでしょうか？何かできることはないのでしょうか？

約3年半かけて環境へ取り組む女性を39名取材し、環境新聞にて連載をしてきました。環境問題は小難しいイメージがありますが、30名以上の女性への取材を通して、興味を持つきっかけは意外と身近にあることがわかりました。私が活動を始めた2008年頃よりはだいぶ「環境問題」について話が通じるようになりましたし、最近では子ども番組の中でもリサイクルや自然循環の歌などがよく流れています。ですが実際にアクションするまではもうあと一歩…という感じがしています。

日々の忙しさで、地球環境問題やエコという言葉は忘れがちですが、この本を手にとってくださった方は、私たちは今後のために何をしたら良いのか、子どもたちのために何をしたらいいのか…ということを考えていらっしゃる方だと思います。この書籍はインタビューをまとめたものですが、「いま私たちにできること」のヒントがたくさんつまっています。女性たちの真摯なアクションの数々を知ることで、「自分にも似たようなことができるかもしれない」、「この活動を応援してみよう！」といった気持ちになっていただけたらとても嬉しいです。

またこれから進路をどうしようかと迷っている学生さんや、転職を考えていらっしゃる方にもぜひ読んでいただきたいです。環境分野にはたくさんの仕事があり、自分の得意なことが生かせる場面も大いにあります。自分はもちろん、大切な人、地域の人、日本、世界に貢献できる分野です。本書をご覧になって、ぜひ一度「環境」というキーワードも選択肢に入れてみてください。

また「環境分野に興味を持ったきっかけ」について力を入れて毎回取材してきました。このきっかけに関する内容は、「どうしたら自社の環境事業に一般の方が興味を持ってくれるか」という会社側のお悩みに役立つはずです。

本当に様々な立場の女性を取材してきました。環境ビジネスの経営者や従業員、NPOを立ち上げた方やアーティスト、主婦や学生などなど…。様々な視点、様々な立場から捉える環境問題と解決に向けたアプローチの数々。彼女たちの素敵なエコマインドから、「いま私たちにできること」を一緒に考えてみませんか？

第1章

エコ娘が聞く！ 環境ビジネスに挑む女性たち

「世界商材」プラにロマン

GREEN PLUS　代表取締役

西 奈緒美 氏

最近「廃プラスチックの利用」という言葉を聞きますが、正直分からないことも多いです。廃プラが全て再利用できるなら、新たな石油資源はいらないのではなどと、安易に考えてしまいます。私は環境業界の中でも縁あって廃棄物関係の知り合いが多いのですが、リサイクル業に携わる方は男性が多いと感じています。そのような中、廃プラを生業とされている女性の存在が気になっていました。「廃プラスチック」はどのように有効利用がされるのか。どうビジネスとして成り立っているのか。この度の連載スタートを機会に、プラスチック界でも気鋭の女社長、有限会社ＧＲＥＥＮＰＬＵＳの代表取締役西奈緒美氏にお話を伺いました。同社は廃プラの買い取りと再生、角材・平板・車輪止めなど再生プラ製品の販売を手掛ける、いわば廃プラの総合商社です。

西氏「廃プラはごみだと思う方が多いですね。当社は携帯電話や自動車など製品の製造過程で排出される副産物や、メーカーか

再生プラを手にする西氏（左）と筆者

ら出る規格外品といった廃プラスチックを扱っています。ある程度素材がきっちり分かれていて分別されているものを、もう一度使うことを前提に買い取ります」

なるほど、もう一度製品の素材として使える素性の分かる物は、「ごみではなく原料」になるのです。

西氏「日本は高品質を求めすぎで、生産時にちょっとした色むらなどが1個でもあると、そのロット全てアウトというケースがあります。ですがアジアの新興国では商材として価値があり、マッチングすることが可能です」

日本では無価値とされる物でも、海外では金銭的な価値がある物（有価物）だったのです。今までコストだった物が有価に変わり､資源の有効利用にもなるので工場側に大変喜ばれたとのこと。一方で、国内でのリサイクル需要も次第に高まってきました。

西氏「リサイクルのニーズが高まる中、お客様から海外に出したものは果たしてどうなっているの？と言われるようになり、07年ごろからは一部については国内で再生、販売する国内完結型リサイクルを開始しました」

食品業界で消費者のトレーサビリティ意識が高まる中、現地調査のできる安心感というのは食品だけではなくあらゆる分野に必要とされているのだと感じました。さらに、同社ではＪ―ＶＥＲ制度で発行されたクレジットを使用し、カーボンオフセット付き商品を販売しています。廃プラの再生と、排出量削減の両面から環境に配慮した取り組みとなっているのです。

起業前に勤めた会社の社長に「プラスチックは世界商材だ！」と口説かれ、西氏はこの業界に飛び込みました。皆が使う物は皆にビジネスチャンスがあると聞き、プラスチックにロマンを感じたそうです。

西氏「ビジネスとして成立しごみが減り、工場の雰囲気が変化した事を実感するととてもやりがいを感じる。日本も品質にこだわりすぎず､もっと再生材を使っていく社会環境になってほしい」

再生材利用品の方がカッコイイ！と言える時代の到来に、私も大いに期待しているし女性の力でも業界を動かしていってほしいと思いました。最後に今後挑戦したいことを伺いました。

西氏「ＳＮＳを使ってプラスチック界の企業間で垣根のない意

プラスチック、環境ビジネスの話題に熱が入る

見交換を行い、新しいものを生み出したい。原料（廃プラ）の調達から製造、流通、そして廃棄まで一貫して手がけることができる強みを生かしていきたいです」

今回は資源の有効利用の一角を垣間見る事ができました。リサイクル業界の方々は、資源の有効活用と経済の両立を日々考え、日本の循環型社会を支えているのです。

（環境新聞　2013 年 4 月 17 日掲載　肩書きは当時のもの）

PC再生で福祉と環境を結合

自立支援センターむくＰＣ工房サービス　管理責任者

山口 奈緒 氏

ファミレスで働いていたころ、同い年で知的障害を持つ子と長年一緒に働いたこともあり、「福祉」についても興味があります。障害者福祉施設が環境事業にも取り組んでいるという話を耳にした時は、興味よりも正直なところ「どうやって？」という気持ちが先立ちました。しかもその事業を精力的に支えている女性がいるとのことで、さらに興味津々。今回取材させていただいたのは、ＮＰＯ法人「自立支援センターむく」のＰＣ工房サービス管理責任者、山口奈緒さんです。「むく」は東京都江戸川区を拠点に障害者の自立をサポートする福祉施設を運営していて、サービス管理責任者という役職は、一般でいう部長クラスです。

2010 年７月に開設した福祉事業所「ＰＣ工房」では、個人または企業から譲り受けたパソコンのデータを消去し、リユース販売しています。動かない物は細かく分解してマテリアルリサイクルを行っています。そのようなパソコンのリユース・リサイクル

パソコンの部品を手にする山口氏（右）と筆者

の現場に、障害を持つ方はどのように関わっているのか気になりました。

山口氏「知的障害の方は、クリーニングが非常に上手なのです。精神障害の方にはインストールや動作チェックの作業をしてもらっています」

知的障害の方の中には細かい作業が得意な人もいますし、精神的な障害のある方は症状の出ない時は一般的な作業ができる、という当たり前な事に改めて気づかされました。それぞれの得手不得手に合わせていけば、障害者の方々による「パソコンのお直しサービス」が可能なのです。

山口氏「壊れていても割れていてもくださいと皆さんに言っています。どんな状態のパソコンでも、分解作業自体が職業訓練になるのです。ネジを外すのもリハビリになり障害者の仕事になります。初めは訓練用にパソコンを買っていたことも（笑）」

基本的に梱包材やシール以外は全て有価取引され、廃棄される物はほとんどないとのこと。分解・仕分けという作業が職業訓練になるとは思ってもいませんでした。

山口氏「ここ１年で、環境ビジネスを意識し始めました。きっかけは昨年某銀行から700台パソコンを譲り受けたことです」

金属を買い取ってもらえることを山口さんが知ったのは11年秋。訓練の分解作業が一定量のリサイクルへつながり、工賃（お給料）となった時、ＰＣ工房は「環境ビジネス」とリンクしたのです。

山口氏「どんどんいらないパソコンをください。受け入れは千台規模で可能です！」

施設利用者41名で１日３台分解すると、あっという間に無くなるとのこと。また地域の企業の協力もあり、台数が多くても保管場所には困らないのです。

山口氏「実は看護師になりたかったのですが、試験を８つ落ちました（笑）職業訓練校で勉強し、システムエンジニア（ＳＥ）として就職、８年勤務しました。その後脱サラしたヘルパーの父の手伝いが介護福祉をするきっかけとなりました」

「人を支える仕事をしたい」、ヘルパーの経験からそのように思い始め障害者福祉をやりたいと思った矢先、近所に「むく」の福祉施設ができました。試験に落ちたのも、山口さんが「むく」に

手際良い解体作業を熱心に見入る

出会う運命だったからかもしれません。

山口氏「今後は江戸川区に環境×福祉の流れを作っていきたいですし、今までのノウハウも共有したいです。世界の福祉事情も勉強していきたいです！」

日本の「環境×福祉」ビジネスモデルとして、「むく」の取り組みはこれからの山口さんの勢いと共に世界へ羽ばたいていくかもしれないと感じました。今後の展開に私もとてもわくわくします！

（環境新聞　2013年5月22日掲載　肩書きは当時のもの）

気づきとリテラシーで環境教育

ａｓマテリアル　代表取締役社長

崎村 友絵 氏

子どもの将来のために、マレーシアへ教育移住する家族が増えていると最近知りました。さまざまな理由がある中で、語学に加え大きなポイントとなっているのは、「考える力を養う」教育を積極的に行っている点です。環境分野でも「教育」というのは私も重要だと感じています。

そのような中、リサイクル関連の勉強会で「環境教育」も手がけているというａｓマテリアルの代表取締役社長、崎村友絵さんと出会い、今回取材させていただきました。同社は主に子どもを対象にしたイベントの企画運営と教育事業を手がけています。

崎村氏「子ども向けイベント『ものストーリー』では、再資源化されたスクラップでアートを体験してもらいます。どこに使われていた部品だろうねと元の姿を想像してもらい、スクラップの新しい『これから』を作ってもらう企画です」

スクラップを素手で触る機会はなかなかないですし、モノは消

スクラップのアートを手にする崎村氏（右）、筆者（中央）。
左は崎村氏のパートナーである取締役の粕谷幸絵氏

費されるだけではなく物語があることを感じられるイベントだと思いました。

崎村氏「教育プログラムでは『わくプロ』という、○×のない考える力を育む内容を展開しています。例えば『アリの歩幅を測る』、『新しい漢字を生み出す』など。決められた答えを出せば良いということではなく、刺激に対してどう考えてどんな答えを出していくのかを大切にしています。子どもの成長のお手伝いをできればと思っています」

ふとしたことで気づき、興味が湧く。「気づき」を伸ばす事は全てに通ずると思います。

崎村氏「教育事業は始めてまだ１年なので、特に一般向けはトライアンドエラーの繰り返し。子どもの反応を分析中ですが、ビジネスモデルを確立するのが大変です」

「感性を育む」事業は数値化できないので難しいと思いますが、教育のあり方は変化しています。

崎村氏「前職は総合リサイクル業の東金属で04年に入社し09年に独立したのですが、当時会社は部門を独立させる方針だったこともあり、入社と同時に独立が決まっていました（笑）」

独立が条件の入社とは！会社から決められた仕事もなく「仕事を生み出すこと」が崎村さんの最初の仕事でした。

崎村氏「入社以前は大きなトラックの出入りや背の高い建屋を見て『産廃は恐い』というイメージがありましたが、働いているのは普通のお父さんお母さんだという当たり前なことに気づきました。会社が顔の見える活動をきちんとして、どんな人が働いているのかを地域の人に分かってもらうことが大事なのではと思い、学校での授業を始めたのが今の子どもを対象にした事業のきっかけです」

女性だけの「企画開発室」を立ち上げＣＳＲや広報活動に取り組む中で、金属作家との出会いがさらに崎村さんの今の事業を形付けたそうです。

崎村氏「会社の工場へ作家の方を連れて行った時『スクラップって形が可愛い！』と言われ、『え！可愛い？…可愛いかも！？』と形の面白さに気づいて、スクラップをイベントで使おうと思いました」

崎村さんは終始笑顔で和やかに「流れでやることになった」とおっしゃっていましたが、「自分が置かれている環境は自分にとっ

環境教育の話に熱が入る

て必ず意味がある縁」だと信念を持ってらっしゃるそうで、周りに流される人が多い中､崎村さん独自のしたたかさを感じました。持続可能な社会づくりにおける「環境教育」というのは「気づき」と「環境リテラシー」の両者が重要。未来を担う世代の感性を育む崎村さんに日本の教育へ風穴を空けてほしい！と勝手ながら思いました。

（環境新聞　2013年6月19日掲載　肩書きは当時のもの）

天ぷら油で未来社会を切り開く

ユーズ　代表取締役

染谷 ゆみ 氏

日本は化石エネルギーの大部分を輸入に頼っており、オイルショック以降各所で省エネが叫ばれています。そして3・11以降、私たちはいかにしてエネルギーを得ているのか考えるようになりました。こまめな節電や家電の買い替えのほか、家庭でできることを探していたところ、使用済み天ぷら油を回収しエネルギーに変える「ＴＯＫＹＯ油田2017」という画期的な取り組みを知り、プロジェクトリーダー、ユーズ代表取締役の染谷ゆみさんにお話を伺いました。

染谷氏「2017年までに東京中の油を1滴残らず集めて再資源化しようという試みです。皆さんに首都圏各地にある回収ステーションへ油をご持参いただき、集まった油をユーズが回収し車の燃料などに変えます」

同社は廃食油のリサイクルを事業としている。1993年には世界で初めて廃食油からのバイオディーゼル燃料の開発に成功し、

「東京中の油を集めて再資源化する」と話す染谷氏（左）と筆者

海外からの注目度も高い。

染谷氏「業務用は比較的回収されていますが、全国で約 15 万トンある家庭の廃食油は約 99％が捨てられています。廃食油の約 95％が燃料に生まれ変わるので、回収さえできれば多くのエネルギーを生み出せます」

使用済み天ぷら油をバイオディーゼル燃料に再資源化し、1 リットルで 30 キロ走る燃費の車に使う？私たちはこんなに資源について叫んでいるにもかかわらず、エネルギーの元になる物をごみとして捨てていたのです！

染谷氏「回収ステーションはカフェや薬局など首都圏約200カ所あり協力店が増えています。セブン＆アイ・ホールディングスは、イトーヨーカドー曳舟店での回収が始まり、他店舗への展開が決まりました。食用油を販売するスーパーが回収もする理想的なモデルです」

個人的にはコンビニでの展開を期待したいし燃料は地域のバスなどに利用してほしい！使用済み天ぷら油を回収ステーションへ持って行く際は、もともと入っていた容器に入れれば良いとのこと。

染谷氏「高校卒業後アジアへ旅に出た際に環境に目覚めてから、20年以上環境について考えています。そのころはバブル時代でしたし、女性なのに家業の油屋を継いだということもあってよく白い目で見られましたが、逆に燃えました（笑）」

大量生産大量消費の時代に環境ビジネスに目覚めた染谷さん。多くのご苦労を経験されたようですが、21世紀に近づくにつれ風向きの変化を感じたそうです。

染谷氏「97年の京都議定書採択、06年ごろからのゲリラ豪雨などの異常気象、そして原発問題。皆がエネルギーを考える時代になりました。自分たちでエネルギーを作ることができれば違う未来が見え、行動も変わるはず。その一つの方法を示すのがわれわれの役割かなと」

皆が地球環境の変化を肌で感じ始めていますが、今までのエネルギーから得ていた豊かな暮らしに対して代替案が浮かばないのが現状。ですが捨てていたモノからエネルギーを得るという一つの案がここにあったのです。

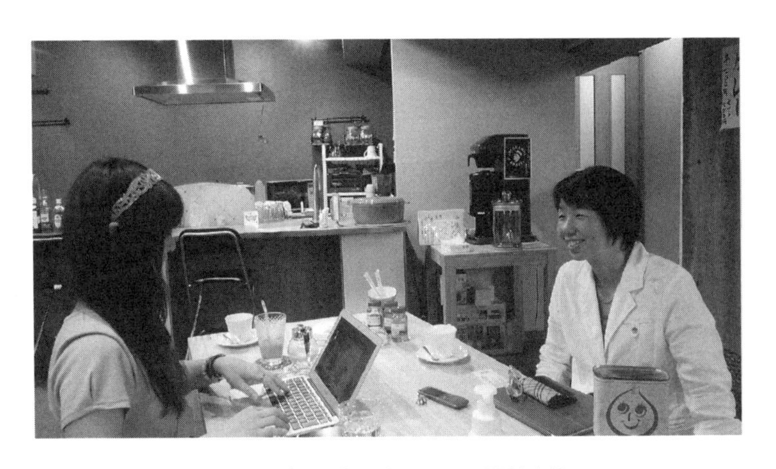

エネルギーの考え方について語り合う

染谷氏「回収ステーションに参加していただくために、年間1万円の経費を頂戴しています。回収ステーションになったお店は、地域コミュニティーの環境問題、エネルギー問題について、日々の生活に密着した形で問題提起をしてくださっています。そして、その価値を一番理解できるのは同じ地域の方々です。こちらの想像を超えるやり取り、『交流』といってもいいつながりがステーションと住民の間に生まれています。損得勘定だけなら生まれないでしょう。ここがこの環境ビジネスのポイントだと思います」

染谷さんの笑顔に筆者は環境への情熱を感じました。夏にもプロジェクトのイベントが多数あるそうです。エネルギーへの考え方を、一つ垣間見に行きませんか？

（環境新聞　2013年7月17日掲載　肩書きは当時のもの）

住宅の真横に！理想的な食リ工場

五十嵐商会　代表取締役社長

五十嵐 和代 氏

「食べ物を粗末にしない」——大昔から言われているその心、現代では食品リサイクルという形でも具現化していると思います。また各種のリサイクル法の中でも「食物」を扱っているからか、とても「生命」を感じる分野です。

今回はそんな食品リサイクルについて、都内に工場を持つ五十嵐商会の社長、五十嵐和代さんにお話を伺いました。同社は警備から清掃、廃棄物の収集から運搬・処分まで幅広いビルメンテナンスをメーンの事業としています。

五十嵐氏「五十嵐商会は浄化槽の清掃から始め、ビルの清掃・ごみの収集運搬、ビルの警備と事業を拡大していきました。15年前に先代がこれからはリサイクルの時代が来ると見極め、食品リサイクルに取り組むことになりました」

練馬区の給食残飯から始まったリサイクルですが、給食は塩分や油分が少なく栄養バランスが取れているので、米ぬかなどを独

「IGARASHI資源リサイクルセンター」の前に立つ五十嵐氏(右)と筆者

自の配合で混ぜ合わせることで、質の良い堆肥を作ることができるそうです。現在では企業の食堂やホテルの調理残渣も扱っているとのこと。

五十嵐氏「以前からこの土地には他社の工場があったので、もともと地域の方の理解はありましたが、東京都の条例を下回るように臭いを減らす努力や設備投資をしています。スタッフへはお茶の出し方など、細かな部分も指導しています」

リサイクルセンターを見学させていただき、まず驚くのが、民家が1.5メートルほどの隣にあることです。また工具は壁にきれいに並べてあり、設備は全てピカピカ、出会うスタッフさん一人ひとりが丁寧にあいさつしてくださり、気持ちよく見学できました。

五十嵐氏「52年前に先代が１台のバキュームカーから始めた商売ですが､子どものころはいじめや差別に遭いました。ですが、仕事の後に浄化槽の蓋をピカピカに磨き、庭などもきれいにする父の姿勢がお客様から感謝され、時にはお菓子をいただくこともあり、『父は人に喜ばれる仕事をしている』と良い誤解をして育ちました（笑）」

親の努力や苦労を分かっているから、ここでなくすのはもったいない、私ができる所までやろうと思っていると笑顔で語る五十嵐さん。そのような生い立ちもあり、リサイクル分野への参入へ抵抗はなかったそうです。

五十嵐氏「食品リサイクルは儲かりません。先行投資もとてもかかります。ですが、自社の紹介時にリサイクルセンターを見せるととても信用度がアップするので、社会貢献的意味が今は強いです。本来はリサイクルだけで生きていけるような業にならなくてはいけませんが、なかなか難しいのが現状です」

循環型社会を目指すためにはただリサイクルするだけではなく、リサイクルによりできた物が活用されなくては、せっかく生み出した製品も無駄になってしまいます。

学校給食などの食品残渣から良質な堆肥を製造している

五十嵐氏「弊社のリサイクル堆肥は手間とコストをかけた分だけ値段が上がりますが、質が良いのでご好評を頂いています。例えばニラは成長が良くなるので通常2回の刈り取りが3回になり、売り上げが増加します。こういったメリットのあるリサイクル商品は購入してもらえます」

環境省の中央環境審議会の委員も務められている五十嵐さんは、これからも食品リサイクル業界へさまざまな提言をして行きたいとのことです。元気の素は仕事が取れたとき！とおっしゃるパワフルさと、リサイクルによりできた物が本当に人のためになっているかが問われる時代だと語る誠実さを兼ね備えた女性に出会え、食品リサイクル業界に循環の光を感じました。

（環境新聞　2013年8月21日掲載　肩書きは当時のもの）

ＣＳＲも環境ビジネスもなくなるのが理想

グラム・デザイン　代表取締役

赤池 円 氏

ネットをメーン事業としている世界に名だたる企業が電源構成を公開し始め、また事業自体が地球環境と共になくてはならないと考える日本の大手企業の話も耳にし、トップ企業の環境意識の高まりを感じるようになってきました。今回は環境プランナーの講座を受けた経験もあり環境マインドの高い、グラム・デザインの代表取締役である赤池円さんに「環境と仕事のあり方」についてお話を伺いました。

赤池氏「ウェブ制作会社として企業の情報発信をお手伝いする中で、ＣＳＲや社会貢献という言葉がよく出てきますが、ＣＳＲなんてなくていいと思っています。本来は経済活動に自然資本をどう利用したかという計算が組み込まれていなければならないのに、今はそれがないので、わざわざＣＳＲやっていますと言わざるを得ない状態です」

言わなくても当たり前な時代になるまでの橋渡しの世代に私達

「環境＝経済」という考えで意気投合した赤池氏（左）と筆者

はいるとおっしゃる赤池さん。1998年に会社を設立されてから徐々にウェブのニーズが増え、クリエイティブを生業とする中、どのようにして環境分野へ興味を持ったのかを伺いました。

赤池氏「昔大好きだった『モモ』という物語が、実は利子が利子を生む経済システムを警告していたのだと後に知りました。資源を『どうやって』使うかの部分に『お金』という仕組みがありますが、お金がお金を生んでしまったために資源に対する適切な評価をできなくなり環境破壊が起きている。環境＝経済なんだなと、ストンと理解できました」

お金の流れが資源の価値を変えた。物語からの「気づき」が環境意識への一歩だったのですね。

赤池氏「企業メッセージを考えるために『未来』の良いイメー

環境ビジネスの今後について語り合った

ジを探す機会が多かったのですが、皆さん本当に良い未来に向かうと思っているのか疑問がありました。環境の勉強をすれば、今自分や企業がどういうスタンスで『未来』の表現をしたら良いか、ヒントをつかめると思い、環境プランナーの講座を受けました」

環境分野は情報整理し発信するデザイナーとして必要な知識だと感じた赤池さん。勉強することで視野が広がり、適切な言葉選びができるようになったとのこと。

赤池氏「環境ビジネスという言葉は10年ほどでなくなっていくと思います。ですが環境問題はもっとシビアになっていくので、環境配慮行動は増えると思います」

10年でなくなっちゃうかも！？一瞬驚きますが、深刻化する環境問題に対して環境ビジネスというくくりでは大きいので、細分化され個々に注目されていくべきなのかもしれません。最後にグラム・デザインとして今後やっていきたいことを伺いました。

赤池氏「会社はＩＴ系ですが、１次産業との関わりを増やしていきたいです。野菜を育てたり自分たちでできることは小さくとも続けたいですし、またウェブ制作ではもっと環境分野の知識を生かした仕事をしたいです。具体的には森林系の知識やコンテンツがたくさんたまってきたので、それを生かせたらうれしいですね」

赤池さんのもの静かな語り口調の中に未来へのメッセージを多く感じました。筆者も実はエコ＝環境＆経済だとずっと思っていたので、今回のお話にとても勇気づけられ勉強になりました。

（環境新聞　2013年9月18日掲載　肩書きは当時のもの）

未来見据える「ＣＦＰ」マーク

産業環境管理協会　製品環境部門
ＬＣＡ事業推進センターエコデザイン事業室
伊藤 聖子 氏

「打倒CO_2」というポスターをご覧になったことはありますか？５年前のとある政党のポスターです。当時見たときは知識も少なかったのでボーッと見ていましたが、今思うとおかしなコピーだなと笑えるように成長しました（苦笑）。ご存じの通り、温室効果ガスがないと地球の気温はマイナス18℃になると言われており、適度にあるので私たちは快適な気温の中で暮らせています。

今回はそんな温室効果ガスが商品やサービスのライフサイクルからどのくらい排出されているのかを分かりやすく表示する仕組み「カーボンフットプリント（ＣＦＰ）」を扱う、産業環境管理協会のＣＦＰプログラム事務局の伊藤聖子さんにお話を伺いました。

伊藤氏「産業環境管理協会では、公害防止管理者の資格やＩＳＯ審査員の認定などさまざまな環境管理事業を行っています。私は製品の環境をライフサイクルで考え、表示するＣＦＰとエコ

CFPとエコリーフのマークを手にする伊藤氏（左）と筆者

リーフというラベルを担当しています」

ＣＦＰは製品のライフサイクル（原材料調達から廃棄・リサイクルまでのこと）から出る温室効果ガスをCO_2換算し、表示するマークです。エコリーフはさらに幅広い環境情報を開示するもの。これらのマークの取得メリットを伺いました。

伊藤氏「まずマークでパッと『環境に取り組んでいます！』とアピールできます。また取得の際は製品１個当たりのさまざまなデータを見ていくので、環境だけでなく、コストや品質なども含

「環境の仕事をする中で思うこと」について語り合う

めた管理のための社内改善にすごく役立ったという声もいただいています。現在取り入れている製品は約740件です」

環境配慮のＰＲを消費者の方へ、というのは他のマークにもありますが、ＣＦＰはCO_2という視点なので「未来を見据えた企業」という一歩進んだイメージを筆者は持ちました。

伊藤氏「マークを付けるのは難しいのでは？と言われますが、いろいろなデータを集めてひたすら四則計算しそれを常に管理し続けるものなので、難しいのではなくどちらかというと面倒な作業です（笑）。こういうものはできませんという製品分野は特にありません。こんなのもできるの？やれるの？とぜひ挑戦状を突きつけてください！」

見た事もないような数式を使う訳ではないのですね！２カ月に

１回無料の入門セミナーも開催しているということで、素朴な疑問を解消してからいざ本格的に相談、ということもできそうです。最後に環境の仕事をする中で思うことを伺いました。

伊藤氏「都会にいると物が作られる裏側を考えなくなっているように感じます。ですがちゃんと広い目で見られる人が増えれば、その心が途上国や身近な人を思いやることにもつながり、自分がいろんなつながりの中で生きているのだと意識できるようになると思います」

モノだけを見ると目的しか見えなくなりがちですが、モノの裏側を考えると心を感じる事ができます。視野を広げて、つながりを感じる。ＣＦＰは実はそんなキッカケも与えてくれるのかもしれません。

ところで産業環境管理協会さんは12月に開催されるエコプロダクツの共同主催もしています。私も毎年楽しみにしているので今からワクワク！ぜひ皆さん会場でお会いしましょう！

（環境新聞　2013年10月23日掲載　肩書きは当時のもの）

子どもモデルに
エコ意識種まき

シュガーアンドスパイス　代表取締役

中村 敬子 氏

私が環境ナビゲーターと名乗って活動するようになった経緯については、連載を開始する前の本紙インタビューに取り上げていただきましたが、所属事務所を探している時期に業界ではとても珍しい会社を紹介していただきました。それは2006年からエコアクション21を取得している、シュガーアンドスパイスです。同社は子どもモデルをマネジメントしているプロダクションで、アヤカ・ウィルソンちゃんらが所属しています。久しぶりに代表取締役の中村敬子さんにお会いし、取り組みについて伺いました。

中村氏「年６回の宣材撮影時に集まる子ども約90名にエコメッセージを書いてもらい、写真を残す活動を長年やっています。また撮影の待ち時間が長いので、海や森をテーマにしたお絵描きをしてもらったり、飲食にはマイカップとマイ皿を持って来てもらっています」

休憩時間をただ持て余すのではなく活用し、子ども達に自然と

環境報告書を手にする中村代表取締役（左）と筆者

エコな気持ちを持ってもらえるよう働きかけているとのこと。特色を生かした取り組みですね。

中村氏「エコアクション21取得のきっかけは、05年前後に手話パフォーマンスや広告モデルなど、愛知で行われた愛・地球博関連の仕事が増え、これから地球環境はライフスタイルのテーマになると環境カウンセラーに言われたことです」

それまでは環境というテーマは別世界のことだと思っていたけれど、愛知万博を通して興味を持つようになった中村さん。全く違う世界にとても苦労されたとのことです。

中村氏「業界でまず一番手というのが格好良くて挑戦したのですが、取り組みは予想以上に大変でした（苦笑）電気、水、ごみの管理をきっちりとやり始めたのですが、事務所のビルが古いということもあり、節水コマを取り付けたおかげでトイレの水の逆流など事故を起こしてしまったことも…」

試行錯誤の繰り返しと勉強を重ね、１年後に初めて環境報告書を作成。不景気もあり辛く感じた時期にやめようかと思った矢先、その報告書が環境大臣賞を受賞。受賞の知らせは裏紙を使っていたファックスで来たため、見にくく嘘かと思ったとか（笑）。

中村氏「初めは、やればやる程エネルギー使用量が下がりましたが、今はこれ以上省くと運営に支障を来すところまで来ました。これからは環境負荷を押さえる取り組みを維持しながら、いかに環境貢献を世の中に発信していくか考える段階に来たと思っています」

エネルギーが省けない状態になったというのは、事務所の運営において適正なエネルギー使用量になったという事です。辛い時期を越え、会社としてあるべき環境活動の姿が見えて来たようです。

中村氏「今後は中小企業もエコアクション21を取得していくべきだと思います。社員に対しても意識付けになりますし、環境が生活の中で重要化しているので、社会人として当たり前にやらなくてはならないことだと思っています」

環境マネジメントの継続だけではなく、事業の特性を生かした取り組みとして、子どもたちへのエコ意識の種まきをしていることがとても印象的でした。

ところで、同社には「つりビット」という釣りと生物多様性をテーマにしたアイドルグループがいます。過去にエコメッセージ

所属のアイドルグループ「つりビット」もイベントなどでエコをアピール

撮影をやってきた子たちということで、筆者としては彼女たち自身の今後のエコ活動に注目したいところです！環境広告のモデルはシュガーアンドスパイスか筆者にご依頼を♪

（環境新聞　2013年11月20日掲載　肩書きは当時のもの）

イケニエ!?
「無礼講」でPR力育成

環境ビジネス総合研究所　理事長
山口 真奈美 氏
事務局長
岩松 美千子 氏

環境ビジネスという言葉はしっかりとした定義がありませんが、すっかり定着し、事業の一部が環境的なのか、全体を通してなのか、はたまた事業が環境配慮されているのは当たり前だという話もあり、盛り上がっています。

今回はそんな環境ビジネスに対して団体で活動しておられる環境ビジネス総合研究所（ＥＢＲＩ）の理事長を務める山口真奈美さんと事務局長の岩松美千子さんにお話を伺いました。同研究所は持続可能な社会を目指し、環境ビジネスの育成と情報発信を行っています。

岩松氏「この会は2002年に発足し11年がたちました。発足当時は環境でお仕事をされている企業がまだ少ない中、みんなで集まって情報交換や勉強会を通じて盛り上げていこうということで始まりました。現在会員数は48社の任意団体で、毎月の交流会や年２回のセミナーを行っています」

筆者を囲む山口理事長（右）と岩松事務局長（左）

相談会や展示会への共同出展、海外進出の支援も行い、環境ビジネスに携わる上で一人ではできないことを皆で連携し、サポートしているとのことです。

山口氏「私自身もそうですが、会社は作るのは簡単だけど継続させるのが大変です。経営者の方は一人で悩まれる方も多いのですが、この会はフランクに付き合っている部分もあるので打ち明けやすいですし、リアルなアドバイスをし合っています」

会員企業はＩＳＯコンサルタント、太陽熱利用、省エネシステムなど環境分野の中でも多様なため、違う目線での意見を得ることができ、悩みの解決につながるそうです。

山口氏「本来は経済から入っていって環境に配慮しましょうということではなく、地球上の原料が安定的に採れるのはその自然

環境ビジネス、ＥＢＲＩの取り組みなどの話で盛り上がった

が維持されているからだと思うので、そこの環境や労働者への配慮を無しに経済性だけを追っていくと、いつか材料も手に入らなくなってしまうだろうし、そもそも企業活動も継続できません」

小さいころから環境の仕事に就きたいと思い、大学院で森林認証が本当に環境保全につながるのかという研究をしていた山口さん。学生のころ起業し、環境ビジネス総合研究所へ遊びに行くようになったそうです。

岩松氏「『無礼講』という交流会を毎月開催していますが、毎回１人がプレゼンテーターとなり、５分間にわたり自社についてＰＲしてもらいます。参加者全員が意見を言わなければいけないのですが、褒めてはいけないルールがあるので『イケニエ』と呼ばれています（笑)」

年齢も肩書きも関係なく遠慮なしに言い合う無礼講で「イケニエ」をやった人は翌月の売り上げが倍増するというジンクスがあるそうです！エレベーターピッチ的なショートプレゼンをできるＰＲ力を養うのが目的とのことです。

山口氏「組織がこのように続いているということは、少なからず誰かの役に立てているのではと思いますし、もっとできることがあるはずです。特に日本は海外の資源から恩恵を受けてビジネスが成り立っているので、その点を配慮した企業活動のお手伝いをこの会でしていきたいです。あとは単純に女性会員を増やしたいですね（笑）」

展示会への出展やいろいろな交流会に参加し「うちの会は面白いよ？」という雰囲気で岩松さんがお声がけすることで、会員がじわじわと増えてきているそうです。これはある意味「逆ナン」ですね！今年のエコプロダクツではエコビジネススクエアのＴ―17に出展されるそうです。この冬は「逆ナン」されに行ってはいかがでしょうか！？

（環境新聞　2013年12月11日掲載　肩書きは当時のもの）

処理だけでなく トータルサービス提供

大谷清運　代表取締役社長

二木 玲子 氏

ボトル to ボトルという言葉を筆者は一昨年のエコプロダクツで知りました。これは使用済みペットボトルから再びペットボトルなどを作る技術のこと。以前は粘度の問題で難しいとされていたことが解決し、技術の進歩が資源の循環を支えていることを実感しました。

今回はこのような資源リサイクルの一端を担う大谷清運の２つのリサイクルプラントを見学させていただき、代表取締役社長の二木玲子さんにお話を伺いました。同社は廃棄物の収集運搬と中間処理、そして広告制作や講習会開催などソフト面をカバーする企画事業も行っています。

二木氏「大谷清運には収集運搬、中間処理、清掃、企画、メンテナンスという５つの部門があります。大量生産・大量廃棄の時代は終わり、単にごみをごみとして処理するのも終わりにしたいという思いから、収集運搬事業に加え 2000 年 12 月に第１工場『リ

リサイクルプラント「リボーン2010」の前に立つ二木氏（右）と筆者

サイクルプラント・リボーン』を稼働させ、中間処理という事業へ一歩を踏み出しました」

10年には第2工場（リボーン2010）も開業し、こちらでは圧縮固化による固形燃料（ＲＰＦ）の製造もされています。処理施設にもかかわらず「製品化」にこだわったというところに、再資源化への熱い思いが感じられました。

二木氏「ただ収集運搬・中間処理するだけではなく、環境を良くするためにトータルにやりたいと思っています。そのために企画部門リスリムがあり、例えばお客様にコンポストを導入したいというご希望があれば、分別の講習会や容器、表示サインをどうするかなどご提案することができます」

リスリムというのは「Ｒｅ（再び）スリム」という意味で、物を大事に使い、生活からぜい肉を取ってしまいましょうという意味を込めて名付けたそうです。資源やエネルギーはムダのない生活をしたいですね！

二木氏「外へ出ると一人ひとりの毎日の動きが大谷清運ですので、具象化して働きかけられるものがあったらいいなと思い、50周年を記念して『ＯＴＡＮＩマン』というキャラクターをつくりました。私たち一人ひとりが愛ある丁寧な仕事を心がけるＯＴＡＮＩマンです」

このモットーはマザー・テレサの「愛の反対語は無関心」という言葉を受け、「お客様や近隣そして環境にも全てに関心を持ち、安心して任せてもらえる丁寧な仕事をするのがＯＴＡＮＩマンの務め」という意味を込めてつくられたそうです。

二木氏「私たちの生活にあるものは無尽蔵に湧き出てくると思いがちですが、地球上の資源を使って作られているからいつまでも続かないのが現実です。毎日の生活の中で今、目の前にある物を一つひとつ大事にすることから始められたら、何か変わってくるのかなって思います。そうすればきっとこの地球は長く、先の世代にもつなげていくことができるのではないでしょうか？その中で廃棄物を通してできることを、大谷清運としてやっていきた

中間処理施設で「製品化」にこだわった再資源化に取り組む

いと思っています」

環境カウンセラーでもある二木さんは、社員さんにｅｃｏ検定を受けるよう促しているそうです。循環型社会の形成を担う人材づくりとはさすが！しかも合格するとお祝い金（奨励金）がもらえるとか…素敵な会社さんですね！

（環境新聞　2014年1月22日掲載　肩書きは当時のもの）

ファッションに
環境への思いを込めて

エコマコ　代表取締役

岡 正子 氏

近年ファッション業界から「エシカル」という言葉が聞こえてきています。この言葉は「道徳、倫理上の」という意味があり、エシカルファッションというと倫理的に正しく製造、流通されているものを指します。エコも含まれていることから、筆者も４年前から意識し始めました。

ファッション界にこのような考えが広がりを見せている中、縁あってこの業界で環境を真剣に考えている方と出会えました。婦人服や雑貨、ウエディングの製造販売を中心に、商品企画やブランディングなど幅広く手がけているエコマコの代表取締役社長・岡正子さんです。

岡氏「20年も前ですが、自分たちが出しているごみはどういうふうに処分されているのか知るため、清掃工場を見に行きました。多くの新品の服も捨てられているごみの山にとてもショックを受け、これでいいのかな…と疑問に思ったことから環境問題を

エコマコのドレスに囲まれる岡氏（左）と筆者

考え始めました」

ファッション界から環境に興味を持ったのではなく、ごみの現状を知ってからという岡さんが起こしたアクションは、とても大胆な発想でした。それは長野市の清掃工場でファッションショーを開催すること！

岡氏「自分たちにできることはファッションしかなかったので、もうここでショーをやるしかないと思い行政の方に何度も何度もお願いして、約半年後に実現しました。約2,000名の方にお越しいただき、大きな反響もありました」

赤いライトで照らされたごみをつかんだ大型クレーンをバックにラストを迎えるステージ写真を拝見しましたが、とてもインパクトがあり訴えかける何かがありました。1994年に表現されたというのがとても先進的ですね！

岡氏「でも不思議な気持ちでした。終わった瞬間に舞台をこのごみの中に捨てるんです（苦笑）。ですのでもっと継続できるやり方がないかと悩んでいる時に出会ったのが、土へと還元できる糸『ポリ乳酸繊維』でした」

トウモロコシのでんぷんから作られるその繊維は、自然に戻すことができると聞いた岡さん。ごみを減らせる未来を願いその糸を使った服を作ることに挑戦し、長野オリンピックで作品を発表。ですがまだ実験段階の糸は衣料として使える品質ではなかったため、販売に至るには多くのご苦労があったそうです。また食料との競合という問題もありました。

岡氏「使っているトウモロコシは約9割が家畜の餌だという話を伺っています。ですが一番いらない部分、茎や芯など非可食部分で作っていくのが理想ですので、トライしていきたいと思っています」

まだ過渡期にあるポリ乳酸繊維を製品化することで、身を持ってそういった技術を応援する姿に今後の繊維の可能性を感じます。

ファッションとエコのつながりなどについて熱心に議論した

岡氏「トレンドを語るだけの時代ではないと思っています。2つのファッションの学校で特別授業を行っていますが、人口増加や食料など基本的な環境問題の話をし、時代はどういう方向に動いているのかを教えます。また『光のカケラプロジェクト』では、残布や廃棄花での染色を利用し、子どもたちの豊かな感性を育むワークショップを展開しています」

自社製品に環境への思いが込められているだけではなく、人を育てることにも力を入れていらっしゃる岡さん。エコマコが扱う優しい色の光に未来のファッション界を感じました！

（環境新聞　2014 年 2 月 19 日掲載　肩書きは当時のもの）

業界での女性活用旗振り役に

シューファルシ　代表取締役

武本 かや 氏

8,674万人。これは何も対策しなかった場合の2060年の日本人口です。さらに50年後の2110年には4,286万人という試算を先月内閣府が示しました。この人口減少に対し企業はどうすれば生き残れるのでしょうか。その答えの一つに「女性の活用」が挙げられています。全員参加型社会に向け、そろそろ本格的に準備をしなければいけません。女性社員の受け入れ態勢は整っていますか？

環境ビジネス界も男性が多いと感じる中、廃棄物コンシェルジュと名乗り､業界の案内人として活躍されている女性がいます。今年２月に人材育成を事業とする新会社シューファルシを設立された、武本かやさんです。

武本氏「社内には保育園の園長経験を持つ者や話し方・言葉のプロ、マナー・接遇のプロがいるので人材育成に生かせるノウハウがあります｡代表が私だということもあり､環境関係のセミナー

有馬温泉の老舗「兵衛向陽閣」で。２月に行なわれた環境セミナーは武本氏（右）の主催で、筆者が司会を務めた

や研修にも力を入れていきたいと思っています」

経験豊富な女性講師４人を役員とし、広く人材育成を目的としているシューファルシは、社員だけではなく上司も一緒にステップアップする育成方法を目指しているとのことです。

武本氏「女性社員の営業力を上げるだけではなく、上司から女性への指示の出し方やフォローなど、コミュニケーション力を一緒に育成することで、お互いがより企業の戦力になるのではと思っています。環境業界に人材を送り込むお手伝いを通して、社会に貢献したいですね」

どんな場面でも少し言い回しを変えただけで相手の反応が変わることってありますよね。仕事において女性との意思疎通が苦手だという方は、武本さんに相談されてみてはいかがでしょうか？

武本氏「10年ほど前、母が経営していた金属リサイクル業者に務めていたころ、ブログを始めてみました。業界内ではデリケートな金属の値段を相場の変動があるごとにお知らせすると、読者が増え、情報が求められていることを感じました」

ブログというウェブツールがはやり始めたころから、情報発信をされていた武本さん。ＳＮＳを活用した広報に早くから挑戦されていました。また手作りだったホームページのデザインをプロに任せることにより問い合わせが増え、ネット広報の重要性を認識したそうです。

武本氏「ホームページは看板、ブログはチラシ、ツイッターは電光掲示板、フェイスブックは自分自身、ブランディングするなら自分のファンを作りやすいフェイスブックで。ブログ(チラシ)の使い方を間違えている残念な会社が多いので、有効な使い方をレクチャーしたいですね」

武本さんの趣味は読書。知識を得るために多くの本を読むようになったそうで、本屋へ行くと10冊ほど買い込み、子育ての合

人材育成や情報発信について熱心に語り合った

間に分厚い本を読むのが日課だそうです。最近は海外のＣＳＲ関連が翻訳されたものが楽しいとのことで、海外事例は参考になるのでぜひセミナーなどで聞きたいところです。

女性の人材育成とインターネットを活用した広報はどの分野にも生かせる重要なノウハウですが、ぜひ武本さんの得意分野を生かして、環境ビジネス界でどんどん広めてほしいと思いました！

（環境新聞　2014 年 3 月 19 日掲載　肩書きは当時のもの）

環境問題を減らす鍵
思いやりの「種」広げる努力を

環境ナビゲーター

上田 マリノ

連載１周年を記念して、今回は取材形式ではなく自由に執筆させていただくこととなりました。環境新聞社さんに私を知っていただいたのは2010年に開催された全国産業廃棄物連合会様のCO_2マイナスプロジェクトという取り組みで、イメージガールのお役目を頂いている時でした。それから３年がたち、エコの普及活動を真面目にやっているのを認められてか（？）本紙で連載を持たせていただくこととなりました。はたから見ると何をやっているのか分からない、ただのエコ娘に貴重な機会をくださって本当にありがとうございます！

主に女性で環境に携わる方を取材するという企画を１年通して一番印象的だった話は「女性ならではのご苦労はどんなことがありますか？」という質問に対して「何もない」というお答えが多かったことです。大変だったことは絶対にあるはずなのに「何もない」とお答えになるくらい、きっと皆さん熱い思いで取り組ま

子ども向けイベントでエコクイズを出題する筆者

れているのだろうと感じ、とても勉強になりました。ちなみにお願いですから苦労話をくださいと食い下がると、「荷物が重い」というお話を何人かからいただけました。確かに女性ならではだけど…。男性の皆さん、重い荷物はぜひ持ってあげてください！（笑）

また環境に対する意識への第一歩としては何が大切かと尋ねると「一つひとつの物事を大切にすること」、「思いやり」など優しさを感じるお返事を頂きました。やはり自分以外への心遣いがじんわりと広がりを持つことで、物を大切に使おうとか、地域の清掃活動に参加しようとか、他国の恵まれない子どもたちを支援し

東京にしがわ大学のエコイベントでエコソングを披露する筆者

ようという気持ちが芽生えるのかもしれません。そういえば以前、都内の清掃活動に参加した時に若い子が「は？何でごみ拾いなんてしてんの。誰得？ウケるー」と言って去っていきました。ショッピングで楽しく歩くなら、ごみが落ちている道より落ちていない道の方がいいと、いつか気づいてほしいなぁと思いました。

私が自身に課しているミッションは、表現という手法を持って迫り来る地球環境問題に対し少しでも興味を持つ人を増やす事です。地球環境問題というのはとてもシリアスな話で日常からとても遠く感じます。そして特別考える時間を持つテーマでもなく、過ぎていく日々の中で忘れがちな話です。そのようなテーマですが、話や歌、エンタメを通して１秒でも触れる機会を提供していきたいと思っています。

地球環境というのは堅く考えがちですが、食や住環境、毎日のお買い物や出すごみのことなどもつながっていて、とても身近な話題が沢山あります。また最近では大気汚染の話、ＰＭ2.5が身近になってしまいましたね。子どもたちの生きる時代のためにも、数年後の自分たちのためにも、こういった良くない話題が次々と上がらないようにするのが現代を生きる私たち大人の使命なのではと思っています。

「思いやり」を家庭や地域、学校生活で知った子どもが、次の段階で「環境を大切にしたい」と思った時に何かその人に合った種をお渡しするのが私の役目です。その種が一つでも多く花咲けば「今日はショッピングをしているけど、今度はごみ拾い活動に私も参加しようかな？」というつぶやきが聞こえてくるかもしれません。そういう未来の方が私はいいなあ！

（環境新聞　2014年4月16日掲載）

第2章

エコ娘が聞く！
環境時代に生きる女性たち

受売りでない環境判断力を

埼玉エコ・リサイクル連絡会　理事

轟 涼氏

環境分野に携わる方にインタビューするという本企画ですが、さらに幅を広げるために今回からタイトルを変えていただきました！エコ娘シリーズ第２弾として「環境時代に生きる女性たち」と名付けました。女性で環境テーマを事業として取り組んでいる方からＮＰＯ、社団、任意団体等々に伺い、皆さんの環境マインドから何か学びを得ようという内容にして行きたいと思っています。

そんな新企画ですが、今回はＮＰＯ法人埼玉エコ・リサイクル連絡会（通称エコ・リサ）の理事、轟涼さんにご協力いただきました。轟さんはエコ・リサ理事だけではなく個人活動も積極的にされており、地元で持続可能な暮らしを考える会も立ち上げられています。

轟氏「エコ・リサはごみ問題を中心に広く環境問題を扱っている、事業者と行政と民間をつないで交流する会です。研修見学会

エコ・リサ理事のほかさまざまな個人活動にも意欲的な轟氏（右）と筆者

や講演会の企画運営、環境出前講座案内や講師紹介を行っています。発足が埼玉県との関連が強いので県との企画もあります」

会には各地で活動されている方、沢山のデータを持っている方などもいらっしゃり、環境情報を得るという意味でとても楽しい会で、もっと盛上げるために個人・団体共に会員募集中との事です！

轟氏「子どもが生まれてから食べ物を少し気にするようになったのが、環境分野に興味を持ったキッカケです。それまでは安い物を求めて駆回っていました（苦笑）その後消費生活協同組合（生協）へ入り、生産者の話を生で聞いたり勉強会で環境問題につい

環境について「知る事」の大切さを語り合った

て知った事が今の活動につながっています」

「子ども」という自分以外の存在を心から大事にしたいと思った時、轟さんの環境意識の種は芽を出したのですね！生協で2011年まで理事を務め、東日本大震災を受けもっと地元入間の地に足のついた活動をしたいと思い「入間から発信！ずっと暮らし続けるために動く会」（通称、入間から発信動く会）を発足されました。

轟氏「３・11前から考えていた原子力発電について知る事のできる映画を上映し、約500人の方にご来場いただきました。あの時は皆さん知識がなく不安もあり、多くの方がいらしたのだと思います」

上映したのは「ミツバチの羽音と地球の回転」という現代日本のエネルギー問題を捉えたドキュメンタリー映画。今もこのテーマは心配は尽きませんが、当時日本中が不安に思っていました。様々な問題に対して不安な方に判断材料を提案するのは大事な活動だと思います。

轟氏「推進するのか反対するのか立場を考える時、自分と違う立場の方も呼んでみて広く平らに議論できるのが良いと思っています。受売りではなく自分で調べて自分の感覚で出した結論が大切。任せきりにしていて、こんなはずじゃなかったというのが一番良くないと思っています。まずはとにかく事実を知って欲しいです」

「環境」と一括りにしてしまうと見えなくなりがちですが、話はエネルギー以外にもごみや気象、農業や人口問題、森林の老化など多義に渡ります。問題が顕在化して本当に困る前に、自分が少しでも関係ありそうな分野からまずは「知る事」が大切なのかもしれません。エコ娘も常に環境情報発信していますよー！

（環境新聞　2014年5月21日掲載　肩書きは当時のもの）

「飲む」と「エコ」新しいアプローチ

ノムエコ活動推進委員会　代表

古川 亜紀 氏

蒸し暑い季節がやってきましたね！熱中症を予防するには喉の渇きを感じる前にこまめに水分を取ることが大事だそうです。先日開催された環境省主催のエコライフ・フェア 2014 でも、「楽しくまなぼう！熱中症予防」と題して環境安全課が出展をしていました。最近は熱中症予防のゆるキャラもいるようで、この夏気をつけたいことの一つです。そのような熱中症予防にもなるエコ活動を今回は取材しました。お話しいただいたのはノムエコ！活動推進委員会（通称ノムエコ！）代表の古川亜紀さんです。

古川氏「ノムエコ！は飲むという身近な行為から始めるエコ活動です。ペットボトルとマイボトルを上手く使い分けて資源の無駄遣いを省く事や、これからの季節は熱中症予防のために水をこまめに飲もうと呼びかけています」

マイボトルは持って行くと割引してくれるカフェがあったりと、かなり浸透してきているエコ活動の一つですが、ノムエコ！

マイボトルを手にする古川氏（右）と筆者。
左は古川氏とノムエコ！活動を行う箭柏優衣氏

では「水を飲む」という行為に焦点を当てて活動しているそうです。

古川氏「服のブランドを企画運営していたのですが、水道水をろ過して使う給水機メーカーの代理店から販促活動をご依頼いただいたのが事の発端でした。給水機というとオフィスでの使用をイメージしがちですが、もっと誰もが使えるイメージにしたいと思いました。そこで水を飲む行為がエコ活動につながったり、そもそも水を飲む事自体を増やすのが良いのではと考え、ノムエコ！を企画しました」

Aplace Gstyle というブランドを立ち上げ、ファッションに携わっていた事からエシカルという考え方にも共感していた古川さん。2012 年に代理店へ企画提案をし、準備開始。翌年春から活動を開始したノムエコ！は現在、５人の主要メンバーとサポーターとで活動し、平日は毎日ファイスブックを利用した情報発信をしているとの事。

古川氏「他にも水を飲む事でもたらされる環境や健康に良い事なども情報発信しているのですが、仕事場でコーヒーを買って飲んでいたけれど意識が変わって今はマイボトルを使って通勤していますなど、見ている方から反応がもらえるとやっていて良かったなと思います！」

最近では水を飲む事の大切さを知った方から、水と関わる自然環境を大切にする気持ちや環境問題への意識が上がっているのをコメントなどから感じる事ができるそうです。ノムエコ！の「エコ」の部分がじわじわと浸透してきていますね！

古川氏「そういう考え方もあるよねと生活の選択肢の一つとして皆さんに浸透していけるようにしていきたいです。活動に賛同してくれる仲間も募集しています。企業さんへは新しいＣＳＲや福利厚生の一つとしても提案していきたいです」

現在カフェやレストランにご協力いただいて給水スポットも徐々に拡大中との事です。最近では小学生も水筒を持っていたりするので、気軽に給水できる場所があれば熱中症予防だけではなく地域のコミュニケーションが生まれたりそこから防犯につながったりと、可能性が広がりそうですね！

また「飲んだら飲む！」をキーワードに、お酒を飲んだら最後に水を飲むと身体に良いという情報を流したところ、多くの反応

エコ活動の新たなアプローチについて語り合った

をいただけたとの事です。それだけお悩みの方が多いのでしょうか(笑)盛り上がった後はお水を飲むと次の日全然違うようです！「飲んだら飲む！」を心にこの夏は過ごしてみてはいかがでしょうか？

（環境新聞　2014年6月18日掲載　肩書きは当時のもの）

温暖化への気づきの教材を育てる

地球温暖化防止全国ネット　企画調査グループ

井原 妙 氏

今年の４月から２年間、私は埼玉県の地球温暖化防止活動推進員としても活動することになりました。推進員は地球温暖化対策推進法第 23 条に基づき、地球温暖化防止の取り組みを進める者として都道府県知事が委嘱しており、各地域の地球温暖化防止活動推進センターを拠点に活動しています。

今回は各地域のセンターを取りまとめる全国地球温暖化防止活動推進センターとして環境大臣より指定を受けている、一般社団法人地球温暖化防止全国ネット（通称・全国ネット）の職員、井原妙さんにお話を伺いました。井原さんとは環境省主催のエコライフ・フェアという私もステージ出演させていただいたイベントで初めてお会いしました。

井原氏「全国ネットは地球温暖化防止するためには何をしたらいいのかな…という気持ちを、皆さんに持ってもらうためにさまざまな事業を展開しています。私の所属する企画調査グループで

今年デビューした教材「○○（まるまる）ボックス」を手にする
井原氏（左）と筆者

は、イベントの企画や法人全体の広報、そして温暖化は身近な問題なんだよとわかりやすく伝えるための教材などを開発し、啓発のお手伝いをしています」

毎年２月には地球温暖化防止への優れた取り組みを集めて報告しあう「低炭素杯」も開催しており、今年も出場団体を８月から募集開始するそうです。

井原氏「開発した教材は皆さんに貸し出しをしています。勉強会を自主開催される方やイベント出展、社員研修や出前授業などさまざまな場面でご活用いただいています。教材と言ってもカチッとした座学用の物ではなく、ワークショップやゲームを通し

環境教育とデザインという共通する話題で盛り上がった

て手を動かして自分で考えて気づけるような参加型の学びを多く準備しています。温暖化問題を解決するための方法には正解がなく、個々のライフスタイルによってもできることが違うので、考える力を持つことが大切です」

私もいくつか教材を体験してみたのですが、「学ぶ」というよりは「遊ぶ」に近い感覚でした。学校の授業もこれなら寝なかったのになぁ（笑）

井原氏「小学生の時から空を見るのが好きで、天気に興味を持ちました。おのずと虫や花、土などにも興味を持つようになり、大学は農学部へ。園芸サークル時代、環境を仕事にしている先輩からアルバイトに誘われ、子どもたちが水質調査や自然観察をしてまとめているのを間近で見ていて、環境教育という分野に惹かれていきました。一方で実はデザインの分野にも興味があったので夜間学校に通っていました」

正直なところ行政関係の資料ってダサいイメージがあったのですが、こちらの教材のデザインがダサくないのは、デザインの心得がある人が手がけていたからだったんですね！納得！

井原氏「その後環境をテーマにした施設でデザイナー職に就き、願ったり叶ったりの仕事というのもあり没頭しました。施設で接客をしながら生の声を聞いてデザインする仕事だったので、きちんと伝わる情報にかみ砕いて発信しないとせっかく大事な情報も伝わらないという事を学びました」

環境教育は効果を数値化しづらく、成果をどう見せるのかというのは常に課題にしているそうです。10年近く環境教育に携わる井原さんの豊富な経験が活かされている教材を借りたい時は、お気軽に全国ネットさんにご連絡すればレクチャーを受けられるとの事です。費用は送料のみなのでぜひ活用してみてください！

（環境新聞　2014年7月16日掲載　肩書きは当時のもの）

学びを活かしたい！
20代産廃営業の女性

イコールゼロ　営業グループ

徐 叢羽 氏

今回の取材は「他薦」といういつもと違うきっかけで行われました。エコ娘シリーズも２年目となり、少しは注目いただけているのでしょうか？本当にありがたいお話です！ご紹介いただいたのは、長野市にあるイコールゼロに勤務されている中国吉林省出身の徐叢羽さん。24歳なので、私よりＸ歳年下です（笑）

同社は産業廃棄物事業、一般廃棄物事業、資源循環事業を展開しており、特に廃液の無害化と廃液の中から金属を回収し再資源化することを得意とされています。

徐氏「昨年１月にみすず工業とみすず工業環境を合併し、イコールゼロへ社名変更しました。会社には食品工場に匹敵するくらい工場を綺麗にするという目標があります。イメージカラーを赤とグレーに統一し社名をスタイリッシュにする事で、産廃業界に新しい風を吹かせたいと思っています」

確かに「産廃」という言葉のイメージ自体持っていない私たち

イコールゼロが標榜するフレーズを手にする徐氏（右）と筆者

世代は、かっこ良くアプローチされたらそのイメージでしかないのかもしれません。一応私は美大出身なので、見た目のブランディングも重要視しています。

徐氏「廃液に含まれているニッケルや銅を、含有量が低くても無駄なく取り出す技術で処理している金属リサイクルを得意とした会社です。私が担当しているのはその廃液処理を集荷する営業です」

廃棄物ビジネスの事をあまり知らない人は、まず一廃と産廃という分類がある事自体知らないでしょうが、さらに廃液となるとどんな所から発生するのか検討もつかないでしょう。ニッケルや

話題は中国、日本それぞれの環境への取り組みにも及んだ

銅の入った廃液はメッキ業やプリント基板、半導体などの表面処理の段階で発生するとの事で、私は初めて知りました。

徐氏「大学で繊維学部を専攻し蚕の糸を環境に活かせないかという研究や絹を使って水を綺麗にできないかなどの実験をしていました。大学を出て一度都内のアパレル系に勤めましたが、学んだ環境分野を活かしたいな…と思うようになっていたところ、タイミングよくイコールゼロの人材募集と出会いました。卒業から１年以内なら新卒扱いにしてもらえないかと思い、積極的にＰＲしました（笑）」

繊維学部は糸や生地の流れからアパレル関係に進む人も多いと

の事ですが、もともと理系だった徐さんは学びを活かしたい気持ちが膨らみ再就活。イコールゼロさんもその心意気を買ってくれたのかもしれませんね！

徐氏「将来は日本で学んだ事を中国で活かしたいです。今の中国は昔の日本のように経済成長を優先させていますが、環境問題に真剣に取り組む時期がやがて来ると思っています。その時に環境コンサルタントなどで役に立つような人間になりたいです」

日本の大学と一緒に研究をしていた父親の都合により小学4年生の時に日本へ来た徐さん。もちろん日本語は流暢で中国語も話せるのですが、専門用語の中国訳はこれからの課題だそうです。入社半年で60社あるエリアを任され、自分の営業で自社と顧客のお互いがメリットのある仕事を持って来ることができた時はとても嬉しかったと笑顔でお話しいただきました。20代の産廃営業をする女性は珍しいですよね！これからのご活躍が楽しみです♪

（環境新聞　2014年8月20日掲載　肩書きは当時のもの）

健康と環境は一体！ ｅｃｏ検定の仕掛人より

ライフ・カルチャー・センター　代表取締役

澤登 信子 氏

環境社会検定試験、通称ｅｃｏ検定をご存知でしょうか？東京商工会議所が主催している環境に関する検定試験であり、私が今の活動をしようと思った時に知識面でまず目標にした検定です。合格者はエコピープルと呼ばれ、取得後も事務局が情報提供や会合などでサポートをしてくれます。実は６年前に取得してからその会合に参加してなかったのですが（苦笑）、遅ればせながら参加するとそこにはｅｃｏ検定の仕掛人であるソーシャル・マーケティング・プロデューサーの澤登信子さんがいらっしゃいました。今までなぜ参加しなかったのでしょうか!?とても悔やまれます！

澤登さんはライフ・カルチャー・センターの代表取締役であり、暮らしの現場から見えた問題を解決していくためにはどう企業や行政と組めば良いのかを企画し形にしていくお仕事をされています。たくさんの社会問題を扱う中で今回は環境をテーマにお話を

ｅｃｏ検定の仕掛け人である澤登氏（左）と筆者

伺いました。

澤登氏「12年位前に環境がこれから非常に大きな社会問題になると少し気になり始めました。ものすごく幅広いテーマなので人々が暮らす『環境と社会』に焦点を当て、自然環境と産業分野と家庭生活の3つの中から知っておいてほしい環境に関する基礎知識を体系立てました。その学びを認定する必要があり、ｅｃｏ検定を生み出しました」

環境問題が気になり始めた頃にたまたま東京商工会議所の検定部長になられた方とこれからは「環境」だと意気投合したとの事です。この出会いがなければもしかしたら検定は生まれず、私も学習にかなり苦労したかもしれません…。

澤登氏「商工会議所というのは企業が会員になって成り立っており、会員企業の事業をサポートするのが任務ですので、ｅｃｏ検定の７つの行動指針の表現には非常に言葉を選びました。苦労もありましたが、派手な宣伝をやらなくとも10年経たないうちに約25万人がエコピープル（ｅｃｏ検定合格者）になったというのはさすが東京商工会議所だと感じています」

これまでは、「環境」と「経済活動」は対立関係として位置付けられていましたが、これからはビジネスとして成立することが鍵となります。ｅｃｏ検定内容が持続可能な社会づくりに対して多様な課題と複雑に絡み合っています。その課題に新しい市場の可能性があります。商工会議所に参加している企業はさまざまで、それぞれのビジネスになることでバランスが取れていきます。商工会議所の「強さ」です。

澤登氏「高齢化社会になっている今、健康に関心が寄せられています。流し台に汚水を流せば川や海は汚れるし、そこで育った水産物も侵されてくる。まわり廻って人が食べ、健康が害される。私が環境と言った時の根底は『健康』であり、健康と環境は一体であると思っています」

大量生産大量販売が少し一段落し、暮らしを見直そうといった人たちが増えてきた新しい時期に入った頃、食育基本法もでき食育に関するＮＰＯも立ち上げたそうです。やはりそれも環境分野と絡んできます。

澤登氏「私が働き出した時は男女均等じゃなく男性の身しか就職できなかった時代です。自分で仕事を創り出すしかなく40年

「環境」と「経済」、「健康」との関係など話題は多岐に及んだ

以上前に会社を立ち上げました。ないなら作り上げて説得していこうというスタンスです」

「B型の三乗で牡羊座に好きで生まれた訳じゃないけど、それも縁だと思ってやっていけばいいのよ！」と笑顔で話す澤登さん。社会問題の解決は荒れ地を耕すような内容が多いにも関わらず、積極的に次々と携わるその姿にソーシャル肝っ玉母ちゃんという印象を受けました！母ちゃん、これからもよろしくお願いします（笑）

（環境新聞　2014 年 9 月 17 日掲載　肩書きは当時のもの）

食品リサイクルの道をつくる20代女性

武松商事　新磯子リサイクル工場

小林 智美 氏

日本では年間約1,700万トンの食品廃棄物が出され、このうち食べられるのに廃棄される「食品ロス」は年間約500～800万トンだと言われています（2011年度推計）。世界にはその日の食にも困っている人もいる中なぜこのようなことが起きているのでしょうか？まずは食品の製造・流通・消費の各段階で発生する食品廃棄物を減らす事が最優先です。同時に飼料や肥料、燃料などの原材料として再生利用する食品リサイクルを行なっていくことが、限りある食資源へ対する私たちの最後の砦となります。

今回は食品廃棄物を飼料としてリサイクルされている武松商事新磯子リサイクル工場の小林智美さんにお話を伺いました。同社は横浜市を拠点に廃棄物の収集・運搬・処理、そして食品リサイクル事業を展開され、循環型社会を目指されています。

小林氏「当工場の特徴ですが、お客様から特に驚かれるのは若い従業員が多く、活気があるところです。また施設内に食品など

新磯子リサイクル工場の前に立つ小林氏（右）と筆者

から発生する臭いを除去する装置を導入し、そして常に清掃を心がけることで、お客様が飛び入りでいらしても不快な思いをされないよう配慮しています。私は各種作業の他に、新人教育や営業との連携業務、お客様の施設案内やデータ分析など、さまざまな業務を担当しています」

新磯子リサイクル工場を実際見学させていただきましたが、確かに気になるような臭いはなく、むしろ食品を扱っているのを忘れるくらいでした。

小林氏「大学時代、環境サークルで活動し、学部も途上国の開発や環境関係を学んでいました。就活中にこの会社が食品リサイクルを始めたばかりだと伺い、食にも興味があったので食×環境で食品リサイクルは私にピッタリだと思い、この業界に入りました」

高校時代から学校教育などにより環境意識があったとの事で、環境ビジネスについては「これから盛り上がってくる！」と思っていたそうです。実際仕事に就いてからこんな悩みも…

小林氏「食品リサイクルの飼料は通常飼料に比べまだ馴染みが薄く、相手に受け入れられなかった事もありギャップを感じました。また食品なら何でも良い訳ではなく配合バランスが大事であったり、機械自体も研究・改良が必要な部分が多かったりと試行錯誤の連続でした」

食品リサイクルによる飼料に関する懸念というのは私も時折耳にします。大変だとは思いますが、ぜひ少しずつ一歩ずつその部分を解決していって欲しいと思いました。

小林氏「食品リサイクルは始まったばかりでどう発展していくのか分かりませんが、今後食糧・エネルギー問題が起こるかもしれない世の中で、資源の有効活用における先進例の一つとしてそこに立ち会えているところに夢があると工場長より教えられました。自分がこれから道を作っていくんだというところに私はやりがいを感じています」

長期的に食品リサイクルを見ている工場長の言葉と、開拓のや

小林氏は工場見学の案内係も務めている

りがいを感じている小林さん。賛否両論ある中で、食のもったいないを減らそうと縁の下の力持ちとして日々努力されています。

小林氏「資源の有効活用という意味ではリサイクルよりリデュース・リユースに重きをおくべきだとは思っています。必要な分だけ、必要なだけ使う。そんな社会が理想です。今の事業内容とは矛盾していますが…（笑）」

この言葉を聞いた時に小林さんの環境への想いが確かなものだと感じました。いらないと思いますが、私からエコマインド認定証（20代女子限定）を贈呈します！

（環境新聞　2014年10月22日掲載　肩書きは当時のもの）

エシカルを当たり前にする裏方

Ethical Fashion Japan　代表

竹村 伊央 氏

大量生産、大量消費、大量廃棄型の社会。近年私たちはそのような時代を反省し、循環型社会という次世代への扉を開こうとしています。ですが身近な衣料品の現実は、流行に従ったフォルムの服を安価にとても短いサイクルで大量生産し販売する「ファストファッション」の台頭。2009年の新語・流行語大賞のトップテンにノミネートし社会現象となりました。私たちは未来への扉を開く事ができるのでしょうか？

そのような中、ファッションにおける全く違った考え方が徐々に水面下で広がりを見せています。直訳すると倫理的という意味を持つ「エシカル（ethical)」という言葉です。環境や人間、動物への負荷軽減、フェアトレード、リサイクル、伝統を活かす事など環境社会に配慮している様子を表す概念として使われています。今回はエシカルについて伺うため、Ethical Fashion Japan（以下ＥＦＪ）代表の竹村伊央さんにお話を伺いました。竹村さんは

エシカルの認知向上を目指す竹村氏（右）と筆者

私の２個上の姐さんです！

竹村氏「ＥＦＪはエシカルの推進団体として2012年３月に発足しました。ニュース配信やイベントの企画運営、百貨店の催事への参加をしています。今後はブランドのＰＲ等を強化し、人と人をつなげる仕組みを作りたいと思っています。２年半運営してきた中でエシカルを知っている人たちが大勢集まってくれたので、次は知らない人を巻き込む戦略を考えていきたいですね」

今後はブランドを雑誌社やイベントとつなぐ橋渡し役に力を入れエシカル認知の裾野を広げたいとの事。思い出すと私が初めて知ったのも、エコイベントでエシカル団体がブース出展していたからでした。

竹村氏「服飾デザインが学べる名古屋の公立高校で洋裁・和裁を習い、卒業後渡英しました。その頃は全くエシカルの事を知らなかったのですが、大学時代のインターン先がリサイクルに重きを置くエシカルブランドでした。ファッションショーや展示会出展などを手伝っているうちに、彼女たちからエシカルという概念の中でカッコいい事をしようとしている情熱が伝わりハマっていきました」

その後同ブランドに務めながらもモードで尖ったエシカルファッション雑誌Sublime（サブライム）などでスタイリストとしても働き、2010年末に帰国。翌年がＥＦＪの準備期間となりました。

竹村氏「エシカルが当たり前になればいいなといつも言っています。そのためにはエシカルが御涙頂戴ではなく、普通にカッコいい可愛いという風にならないといけないと思っています。フェアトレードはそのまま持ってくるのではなく少し日本風にアレンジして打ち出したり。今はアパレルの時間がとても速いので矛盾していますがうまくバランスをとって頑張ってほしいです」

そのまま輸入した物も現地の良さが込められていて良いのですが、こんな物がほしいという消費者の気持ちに寄り添っていくとさらに良いものができ、多くの人に受け入れられそうですね！

竹村氏「例えばスーパーならフェアトレードとそうでない飲み物が並んでいるなど、選択できるようになって欲しいですね。それが30円しか違わないなら買う人が現れると思います。昨年ロンドンへ帰った際、たくさんのコンビニがオーガニックショップ

エシカル、循環型社会への思いを語り合った

に変わっていました。みんなが求めればそうなるんです」

エシカルを体験してみたいという方は、今年のエコプロダクツでエシカルファッションカレッジというイベントのミニ版をやるとの最新情報もゲットしましたので、ぜひお立ち寄りください！私も行きます！

（環境新聞　2014 年 11 月 19 日掲載　肩書きは当時のもの）

子どもたちに
リサイクルの大切さを

リーテム　サスティナビリティ・ソリューション部
エコセンターＧ兼海外ＥＩＤ事業Ｇ　グループリーダー

杉山 里恵 氏

スウェーデンでは幼少の頃から環境教育が行われ、資源には地上のもの（自然素材など）と地下のもの（石油・金属など）があり、できるだけ地下のものは使わないようにしましょうと教えられるそうです。日本にはすでに掘り起こして使用し終えた資源「都市鉱山」が地上のものとして多くあります。日本ではそれらも上手く活用するようなオリジナルな環境教育が行われるといいなと私は思っています。

今回の取材は廃棄物の再資源化事業とコンサルティング事業というハードとソフト両面をカバーするリーテムに勤務されている杉山里恵さんにお話を伺いました。杉山さんは小型家電リサイクル事業や環境教育、調査事業などコンサルティング事業を担当されています。

杉山氏「当社は 1909 年に創業しました。当初は茨城県水戸市で鉄スクラップ業を営んでいましたが、製品構造の複雑化に合わ

東京工場の写真を背にする杉山氏（右）と筆者

せて金属系廃棄物を幅広く扱えるよう技術開発し現事業となりました。05 年に東京工場を竣工し、関東圏の廃棄物を茨城と東京の 2 つの工場でリサイクル処理しています」

白と青を基調としたモザイクのようなガラスが特徴的な東京工場はまるで美術館のような外観。写真を見せていただいた瞬間、事業の説明を受けているにも関わらず「工場カッコいいっすね！」

と思わず口を挟んでしまいました（苦笑）去年はスカイツリーやゲートブリッジなどと並んで東京都内のライティングスポットツアーにも選ばれたとか。すごい！

杉山氏「環境教育事業では一般の方向けの施設見学や体験授業のような形もあります。子どもたちにリサイクル法の話は難しいので、工具でバラバラに解体した携帯電話をコルクボードに貼付けて標本にしてもらい、金銀銅やいろいろなものが入っているから捨てたらもったいないね、集めようねという話しをする事で理解を促します」

ただの座学ではなく標本という成果物ができるのは嬉しいですね！夏休みの自由研究としても人気があるそうです。一般の方の見学は東京都のスーパーエコタウン見学申し込みから受け付けているとのこと。

杉山氏「02 年入社当時は環境について特別な意識はありませんでしたが、今ではこの仕事を通して得た経験を我が子に伝えたいと考えるようになりました。東京本社初の女性正社員であったこともあり入社当時には難しい場面もありましたが、女性社員が増え、育児中は時短勤務ができたりと女性が働きやすい会社になりました。当社代表は人材のダイバーシティ（多様性）を活かして企業を成長させたいとの考えです」

働きたい女性や働かなくてはならないママさんが多くなった昨今、多様な働き方にも対応できるというのがこれからの時代を生き残る企業の一つの姿なのかもしれません。

杉山氏「今の子どもたちは将来どの国でどんな仕事に就いても経済と環境のバランス思想が求められると思います。中学３年の

環境教育の重要性などについて語り合った

息子にはそのことを伝えたいです。そして大きな視野で物事を捉えられる大人になってほしいですね」

もし予算があれば分別された物がもう一度資源となり製品となっていく循環の輪をツアーにして子どもたちに見せたいと仰る杉山さん。子どもたちに向けたそのひたむきな環境マインドを伺っていると、今はメッセージが届かなくともいつか花咲くように思いました。これからもお互い種まきを頑張りましょう！

（環境新聞　2014 年 12 月 17 日掲載　肩書きは当時のもの）

企業のＣＳＲ・環境への取り組みを全力サポート

アミタ　環境戦略支援営業グループ　ＣＳＲチーム

高橋 泰美 氏

これからはＣＳＲではなくＣＳＶだという謳い文句を聞いたことがあるのですが果たしてそうなのでしょうか？二つの言葉について少しモヤモヤしていたのですが、先月参加した勉強会でＣＳＲが行動規範にあたりＣＳＶは企業行動、五輪に例えると前者がルールで後者が競技というとても腑に落ちる考え方を教えていただきました。ＣＳＲは古いものではなく企業が基本的に持つべきルールなのです。

今回は、アミタでＣＳＲに関わる仕事を中心に勤務されている高橋泰美さんにお話しを伺いました。同社は 1977 年に設立し「持続可能社会の実現」という理念のもと資源リサイクルを中心に環境管理業務のアウトソーシング、環境認証審査、循環技術で自立型の地域づくりを支援する事業等を展開しています。

高橋氏「私はお客様のＣＳＲや環境への取り組みが会社内や世の中に伝わるよう、社内外コミュニケーションを促すお手伝いを

企業のＣＳＲの取り組みを支援する高橋氏（右）と筆者

担当しています。具体的な例として、今年１月には環境省と共に廃棄物処理に関して排出事業者と処理会社双方の考えや課題をすり合わせるワークショップを全国３カ所で実施します」

すいません､何だか合コンみたいだと思ってしまいました（笑）廃棄物合コン、略して廃コン？お互いがどんな悩みを持っているのか情報交換できる有意義な時間になりそうです！

高橋氏「ＣＳＲに関する研修を行うこともあるのですが、ご依頼いただいた企業からは、ＣＳＲは会社としてのゴールを共有する全社的な取り組みになるので業務理解や社内コミュニケーションに繋がったというご感想をいただいています」

ＣＳＲは外に作用するものだと思っていたのですが、対内的な役割も果たすのですね！この視点はなかったので勉強になりました。

高橋氏「欧州の先進的企業は、自社製品に使われている原料が数年後に枯渇する可能性も考えて、原料調達先の分散・確保等を含めたサプライチェーン・マネジメントを始めています。ＩＳＯでも『持続可能な調達』に関する規格開発が進んでいて、これからは自社のリスクだけでなく、サプライチェーンに関わる取引先の社会的責任もマネジメントする事が、日本でもより一層求められてくると思います」

事業規模が大きければ大きいほど地域や環境への影響も大きいので､未来を予測し行動できる企業は安心や信頼につながります。一社でも多くそうした企業が日本に増えてほしいですね。

高橋氏「2005年７月に合流（入社）し今年で丸十年ですが、実は出産のため３回休職しています。入社時は環境コンサルの営業を担当していましたが、小さい子どもがいる事に配慮頂き復職時には総務を担当、現在の仕事は昨年６月からなのです」

何度か産休を取っても戻ってこられる環境が整っているなんて素晴らしい会社ですね！子どもは社会の宝です。こういった所に「持続可能な社会」へ向けた会社の本気度を感じます。

高橋氏「学生時代、家の近くに街の景観を壊すような施設ができ、経済にとっては良いかもしれないけれど地域にとってこれでいいのかと疑問を抱きました。大学では持続可能な開発について学んでいましたが、街づくりや地域活性化への興味が環境意識へ繋がり、現在に至ります」

ＣＳＲの重要性や環境への思いなどを語り合った

発展途上国の開発と環境保全について学んだ高橋さんですが、環境問題は先進国の問題だと感じ、先進国である日本の社会を変える一つの手段として経済を動かしている企業に環境意識を浸透させていきたいと思うようになったそうです。３人の小さなお子さんを持つ高橋さん。お子さんたちが活躍する未来の社会のためにも、環境へ取り組む熱心な企業さんのサポートをこれからも頑張ってください！

（環境新聞　2015 年 1 月 21 日掲載　肩書きは当時のもの）

自然からのエネルギーで奏でる

ピュアニスト

石原 可奈子 氏

人が愛や恋を音楽で表現するのは不安定な気持ちへのソリューションであり、誰もが経験する身近なテーマなので共感を得やすいのではと思っています。環境や社会といったテーマではどうでしょうか？これらも誰もが関わりのある事なので、恋愛テーマとまでいかなくとも共感してくれる方が１人でも増えてくれたらとても嬉しいなといつも思っています。

今回はそんな「音楽と環境」についてお話を伺うべく、「自然」をテーマに太陽光発電を用いた電子ピアノの演奏をされているピュアニストの石原可奈子さんにお話を伺いました。「ピュアニスト」とは、ピアノ・ピアニカ・自然のピュアさを融合させた、石原さんオリジナルの言葉です。過去に連絡を取り合った事があるのですが、６年越しにやっとお会いできました！

石原氏「自然からインスピレーションを受けて曲作りをしているので、外で演奏する時は自然エネルギーで演奏できたらいいな

「ピュアニスト」の石原氏（右）と、同氏のＣＤを手にする筆者

という想いが芽生え、06 年の春から太陽光発電システムを使った演奏活動を始めました」

自然を感じるとフッと曲が湧いてくるそうです。さすがアーティスト！北海道の大自然に囲まれて育った石原さんはならではの感覚です。

石原氏「環境については難しく考えるというよりも、五感で楽しむとか癒されるとかそういった切り口で入っていけたら良いのではと思っていて、その雰囲気作りが私のやるべき事だと思っています」

青空を見ていてできた曲やアロマを感じてできた曲などがある

音楽と環境、未来の子どもたちへの思いなどを語り合った

との事で、実際に私もＣＤで聴かせていただいたのですがとても心癒されるメロディーの数々でした！

石原氏「05 年冬に太陽光発電システムで演奏すると決めいろいろなところに問い合わせたのですが、当時こういった事をしている人は誰もいなかったので断られ続けました（苦笑）ですが東京都町田市にあるエフ・プランニングという会社の社長さんが相談に乗ってくださり実現できました」

ソーラーパネルやバッテリーを見える形で演奏しているので「太陽の力を借りています」という事が視覚的にわかりやすく、音楽や自然エネルギーへの興味につながっていきやすいようです。

石原氏「演奏で使用している太陽光発電システムの総重量は10キロ弱です。バッテリーを満充電しておくと計算上は6～7時間演奏できます。また演奏だけではなく、ＣＤに収録されている電子ピアノの電源にも太陽光エネルギーを使用したりといろいろと試みています」

屋外イベントではよくガソリンの発電機が使われていますが、蓄電池を利用するとモーター音が全く無いので演奏がクリーンに聞こえるそうです！

石原氏「子どもが生まれてからは、この子が大きくなった時に自分が見ているこの自然がまだあるかな…後世に残していかないといけないな…とより強く思うようになりました」

音楽活動の開始から今年で10年目の石原さん。全て自然をテーマにしたピアノソロのオリジナル曲が10曲以上入ったアルバムを4月下旬にリリース予定との事！未来の子どもたちへの想いを馳せながら聞いてみたいですね♪

（環境新聞　2015年2月18日掲載　肩書きは当時のもの）

環境界のつなぎ役に

eco japan cup.TV　制作／司会

松浦 はるの 氏

環境ビジネス界のコンテスト「eco japan cup（以下ｅｊｃ）」をご存知でしょうか？このコンテストは2005年の国際ＥＸＰＯ「愛・地球博」での環境ビジネスアイディアコンテストを機に毎年開催されている官民連携協働事業です。現在はビジネス、カルチャー、ライフスタイル、ポリシーの４部門８カテゴリーに分けられ、私もカルチャー部門のエコミュージックに挑戦したことがあるのですが、結果は…聞かないでください（笑）

本コンテストは表彰するだけではなく専門家からのアドバイスやビジネスマッチングなどさまざまなアフターフォローがあります。今回はその一つであるインターネット番組「eco japan cup.TV」の制作および司会を担当されている松浦はるのさんにお話を伺いました。

松浦氏「昨年からのｅｊｃは事業の発展と育成支援を強化するために創設されたエコジャパン官民連携協働推進協議会が執り

「eco japan cup.TV」収録現場で
エコグッズを手にする松浦氏（左）と筆者

行っております。今年は10周年を迎えるため、ブロック大会を開催し全国規模で日本一を決める予定です」

今年で10年目ということでおめでとうございます！毎年進化をしているように見えるのですが、さらにパワーアップするということですね！

松浦氏「ネット番組は受賞者や審査員の皆さんをつなぎ、コミュニティを作るという位置付けで11年からスタートしました。私は13年から番組の制作と司会を担当していますが、出演された方の次の仕事につながったなど、この放送を通してできたつながりを実感できた時にやりがいを感じます」

ネット番組は閉鎖的になりがちな企画などを広く伝え、思わぬつながりを生む効果が期待できます。本番組はコンテストの開催に合わせ４月に立てた年間計画のもと作られているとの事です。

松浦氏「今までは月１～２回生放送をしてきましたが、この春からは過去の放送も見られるよう整備したりＳＮＳでの連携を強化させたいと思っています。また環境分野に興味がある方など幅広く見ていただけるような試みも行っていく予定です」

最近は質の良い動画を多く持っているとウェブ検索で上位にくるそうで、動画はウェブマーケティングの方法として注目されています。過去の番組を改めて整理するのはＳＥＯにもなりそうですね。

松浦氏「小学校６年生の娘がいるのですが小さな頃に酷いアトピー性皮膚炎になってしまい、食べ物や洗剤の選択は非常に気を配りました。環境へ興味を持ったキッカケはそこにあると思います」

私も友人の酷いアトピーが環境意識の引き金の１つでした。安全な食べ物を得るには土壌を汚してはいけない、綺麗な景色で癒されたいならその美しさは自分たちで守らなければいけない。人間は自分で壊すから壊れた物しか得られなくなっていくのだとその時学びました。

松浦氏「出産を機に離職したのですが、元々は関東でラジオアナウンサーとして働いていました。子育て中に地域情報誌のライターをすることにしたのですが、その取材先で『街づくりの中で環境は守られていく』と知り、さらに環境へ興味を持った際、ｅｊｃと出会いました」

環境に興味を持ったきっかけが同じということで話が盛り上がった

松浦さんはしゃべり手のプロでライターでもあり、そして今では番組の制作も手がけられていてとても活発な主婦さんです。今後は１人の母親としても子ども達へエコメッセージを伝えていきたいという気持ちから、子ども環境情報誌「エコチル」でも記事を書かれるそうです。私もこの活動力を見習いたいと思いました！

（環境新聞　2015 年 3 月 18 日掲載　肩書きは当時のもの）

環境ビジネスな人々に、エール！

環境ナビゲーター
上田 マリノ

環境ビジネスという言葉を頭に思い浮かべると、皆さんはどんな場面が思い浮かびますか？リサイクルの現場、目に見えない温室効果ガスとの闘い、再エネの発電所など、単に「環境」といってもさまざまなイメージが思い浮かびます。どれも事業として取り組むのは素晴らしいことなのですが、環境業界は医療や福祉と違いサービスを買ってもらうことが未だ理解されない部分があったり、時には値切られがちなのではというのが私の印象です。もう一歩進めば、何か新しい未来が見えてくるような気がしてなりません。もっとさまざまな方に環境事業を必要としてもらうにはどうすれば良いのでしょうか？

そこで改めて環境ビジネスにおける「環境」という言葉について考えてみたのですが、その「環境」は会社で取り組む範囲の環境だけではなく「皆で目指すゴール」なのではと思いました。そしてそのゴールというのは「持続可能な社会づくり」ではないで

クリスマスに仮装をして子どもたちに環境教育を実施

しょうか。持続可能な社会とは、低炭素社会、循環型社会、自然共生型社会が統合的に達成され、そしてその基盤として「安全」が確保されている社会であることと環境基本計画の概要に書かれています。皆さんが取り組まれている環境事業もこれらの要素のどこかに属しているかと思います。

各々の環境事業に携わる皆さんの努力によって、「安全」で「低炭素・循環・自然共生」な社会が構築され、確実にゴールへ向かっているのです。4月ということで新入社員さんや転職されて新たに業界へ入った方もいらっしゃるかと思います。ですので自社の環境事業は、一歩先の未来「持続可能な社会」の構築に貢献している事業であり、大変有意義な仕事であるということをぜひ伝えていただきたいです。

また各環境事業が他分野の環境事業を必要とし、互いに応援し合うのも環境ビジネス界の活性化につながり良いのではと思っています。例えば再エネの会社さんがカーボンオフセットに取り組んでみたり、オフセットプロバイダーさんから出る機器の廃棄は適正処理をしている会社さんに依頼したり、リサイクル会社さんが自社の電気をバイオマス発電でまかなってみたり…と持ちつ持たれつの精神で環境ビジネスの輪を少しずつ広げていくのです。

私たちの生活は屋根のある家に住み、蛇口をひねると水が出ます。時には最先端のモバイル機器を手にし、美味しいレストランへ行きます。そのため日本人は地球2.5個分の豊かな生活を送っていると言われています。2.5個使って生きることが当たり前になってしまっている私たちだからこそ、積極的に環境事業へ取り組み、地球１個分もしくはそれ以下の資源で心身共に豊かな生活を送れる方法や知恵を事業の中で生み出し、将来世代に引き継いでいける持続可能な社会を残していかなければいけないと思っています。

今日取り掛かるのは単調な作業かもしれない。難しい書類を書かなくてはいけないかもしれない。明日は辛い現場かもしれないしミスして怒られ涙が溢れそうかもしれない。でもそこで動かした頭が、指が、体が、「皆で目指すゴール」への誇りある一歩です。ゴールへ向う環境ビジネスな人々皆さんに、ささやかではありますが力強く私からエールを送らせていただきます！

今回の連載記事は２年目の締めくくりということで、取材形式ではなく自由に想いを書かせていただきました。来月からは新タ

社会音楽家フェスでエコソングを披露

イトルとなります。最後になりますが、連載を通じて環境への想いを伝える機会を与えてくださっている環境新聞社の皆さまにお礼を申し上げたいと思います。

（環境新聞　2015 年 4 月 15 日掲載）

第3章

エコ娘が聞く！ 環境世代へつなぐ女性たち

産官民連携！
みんなで創る持続可能性

ジャーナリスト／環境カウンセラー

崎田 裕子 氏

【前篇】

環境問題について勉強したいけど何から手をつけていいかわからない…７年前の悩んでいた時期に「新宿区エコリーダー養成講座」と出会いました。週に１回３カ月間の講座で施設見学などもありなんと無料！本講座はＮＰＯ法人新宿環境活動ネットが指定管理者となっている新宿区立環境学習情報センター内で開催されています。ＮＰＯの皆さん、そして代表理事の崎田裕子さんのおかげで私は環境の学びの機会を得ることができ、今の活動につながっています。今回は連載３年目スタートの新タイトルを記念し、私が環境業界の母と慕ってきた崎田さんにお話を伺いました。

崎田氏「いろいろなことを皆さんに伝える仕事をしたいと思い、大学卒業後は出版社へ入社し 11 年程雑誌の編集者をしていました。その後フリージャーナリストとなったのですが、90 年前後に地球環境問題に関する取材依頼が多くなり取材を通してとても大変なことだと気づきました。特に産業界と行政、そして私たち

環境新聞社から出版したばかりの書籍を手にする崎田氏（左）と筆者

市民のパートナーシップの重要さを強く感じ、私は市民の視点で環境問題の発信をしようと思いました」

崎田さんは取材だけではなく、自宅から出るごみを計って減らしていくという具体的な行動を始め、皆が３Ｒを徹底すればごみ問題は解決できると心から感じ、その体験を出版されました。

96 年発足のＮＰＯ法人持続可能な社会をつくる元気ネット（以下、元気ネット）では理事長を務められています。前身は「元気なごみ仲間の会」という市民団体で、市民が率先し地域企業や行政と連携・協働をすることで持続可能な社会づくりを目指しています。

崎田氏「元気ネットでは全国の方とごみ問題や環境まちづくりについて交流をしています。各種リサイクル制度の見直しに向けたマルチステークホルダー会議を開催したり、最近では私たちの社会が活用してきた電気のごみ、高レベル放射性廃棄物についてみんなで考える場を設けたりもしています」

立場の違うみんなで取り組むことで相乗効果が上がり、課題解決につながる。崎田さんはこの視点を「昔から変わらない基本」としとても大切にされています。

崎田氏「また地域に根ざした活動も重要だと思い、99年に新宿区内の環境情報を共有する団体をみんなで作りました。まだあまり環境の輪がなかった時期だったので、４回目の集まりで登録者が500人程になり大変驚きました。これだけ集まれば何かできる、立場も関心分野も違う人たちが一緒にできることは何だろうと考え出てきた答えが『次の世代に伝える』ことでした」

その新宿での団体こそ冒頭でお話しした新宿環境活動ネットさん！新宿区が環境学習センターの指定管理者を募集していたタイミングでＮＰＯ法人として登記し、その後10年間指定管理をされています。そこで「次の世代に伝える」ための人材育成事業としてエコリーダー養成講座を開催していたら私が来たということです。人材になれているか不安を感じますが…頑張ります（汗）

崎田氏「そしてそれら全国と地域でのネットワークを通して感じたことを制度の中にうまく組み込めるよう、省庁や自治体へ提言することが私の３つ目の取り組みです」

私の中で崎田さんは政府の委員を務められている印象が強かったのですが、根っこは全国や地域のつながりや産官民の連携協働の考えだということがお話を通してよくわかりました。終始笑顔で優しげにお話くださる姿から、皆から環境の母と呼ばれる所以も心からよくわかりました。

持続可能な社会づくりについても具体的に伺ったので次回お伝えしたいと思います。キーワードは「共創×五輪」です。お楽しみに！

（環境新聞　2015年5月20日掲載　肩書きは当時のもの）

「共創×五輪」で持続可能社会実現へ

ジャーナリスト／環境カウンセラー

崎田 裕子 氏

【後篇】

連載３年目スタート記念として私に環境の学びのキッカケをくださった崎田裕子さんの取材を２回に渡ってお届しています。前回はごみ問題や環境まちづくりをテーマとした全国・地域規模でのネットワーク構築、そしてそこから得た市民の想いを制度に反映させるという崎田さんの３つの取り組みについて詳しくお話を聞きました。今回は「持続可能な社会をつくりたい」という想いを実現するヒントを「共創×五輪」をキーワードにお話を伺いました。

崎田氏「2012年に開催されたロンドン五輪は環境オリンピックとして非常に評価されているので昨年実際見に行きました。きちんと競技ができる環境を整えることは大事ですが、それに対して莫大な予算や熱意がかかっていくので、ロンドンでは候補地に申請する時から持続可能性を意識した準備をしていました」

環境オリンピックだったとは知りませんでした…選ばれたアス

環境五輪について語る崎田氏（右）と筆者

リートが競い合うイメージしかなかったのですが、近年の大規模イベントは環境に良いものにしないといけないという動きがあり、オリンピック準備委員会自体がそのように掲げているとのことです。

崎田氏「そして五輪後にうまくいった成果を広げて活かし、持続可能な社会を作っていくというしっかりとした戦略を持っていたことがわかりました。準備委員会や市役所だけではなくＮＧＯなども政策提言をし、ボランティアは７万人、企業などの関係者20万人、そして世界からは１千万人がきました」

とても大掛かりになるであろう2020年の東京五輪も、社会がこんな風になるといいよねというシステムを少しずつ取り入れ、未来へつなぐ素晴らしいイベントにしたいですね。

崎田氏「準備委員会の外部からの声をちゃんと聴き、みんなの力を合わせる意思がはっきりしていました。持続可能性専門家チームを作り、気候変動、廃棄物、生物多様性、インクルージョン、健康な生活という５つの部門に分け、それを徹底するために27万人へ研修をするという壮大な計画を実施しました。廃棄物の目標は『埋め立てごみゼロ』で、結果的にリサイクル率は60％、40％は焼却によるエネルギー回収でした。実はこの数字、ロンドン市が2010年に発表した2031年目標と同じ数字でした」

多くの人々が関わる五輪を社会実験の場として活用し、社会をうまく発展させていこうという戦略をしっかり立てていたのです。

崎田氏「またインクルージョンとは民族・年齢・性別・立場を超えてすべての人々が自分もイベントの一員であると感じられること、『自分も含まれている』という意味があります。例えば受付を少し低くして車椅子の方やお子さんでもちゃんと顔が見えるようにするなどがあります」

日本は「おもてなし」が中心となっていますが、世界の流れの中で実際にはきちんと環境対応するとのことです。またこのインクルージョン、誰もが居心地良いと感じる空間づくりこそ日本の「おもてなし」にあたるのではと思いました。

ロンドンがみんなで汗を流し環境オリンピックとして実現した事実をしっかりと皆さんに伝えなければいけないと崎田さんは想い、先月、理事長を務めるＮＰＯ法人持続可能な社会をつくる元

崎田氏らの書籍を手にする筆者

気ネットの方々と著書「みんなで創るオリンピック・パラリンピック　ロンドンに学ぶ『ごみゼロ』への挑戦」を出版されました。食料調達面の厳しい取り決めやどのように実現していったかなど詳しく書かれているのでぜひお手にとって読んでみてください。「このエコな取り組みは東京五輪がきっかけで広まったんだよ！」と子どもたちに胸を張って言えるようなオリンピックを皆で共に創っていきたいですね！

（環境新聞　2015年6月17日掲載　肩書きは当時のもの）

環境も好き！
と言えるような世界に

エコ・リーグ

秋葉 莉緒 氏

今年度の連載タイトルを環境世代へつなぐ女性たちとしたのは、あらゆる年代・職種の女性の話を伺い、次世代につないでいくにはどうすれば良いのかを皆さんと模索していきたいと思ったためです。そこで今回は若い方の環境意識を知りたいと思い、ＮＰＯ法人エコ・リーグ（全国青年環境連盟、以下エコ・リーグ）に所属する大学４年生の秋葉莉緒さんにお話しを伺いました。秋葉さんとはデータセキュリティを中心に、地下資源や福祉もテーマに扱う団体、データ・セキュリティ・コンソーシアムの勉強会で出会いました。学生のうちからこういった勉強会に参加している時点で意識の高さを感じます。

秋葉氏「エコ・リーグは学生の環境活動を活性化する目的のもと立ち上げられ、毎年全国で１回と東北、関東、関西の各地方で、ギャザリングという環境について熱い学生を集めてディスカッションするイベントを開催しているほか、さまざまな環境事業を

エコ・リーグで活動する学生の秋葉氏（左）と筆者

展開しています。1994年に設立し、2012年にＮＰＯ法人格を取得。昨年20周年を迎えました」

今年も11月末に長野で全国ギャザリングが行われますが、参加費のみで一般の方も参加可能とのことなので、学生の熱い環境意識に触れたい方はぜひ見に行ってみてください！

秋葉氏「私はエコ・リーグの中でレアメタルをテーマにしているＲＲＲプロジェクトに入っています。先輩の誘いでコンゴ民主共和国のシンポジウムに参加した際、国内外からのレアメタル利権が原因で紛争や人権侵害問題が起きていることを知りました。私たちが便利な生活をしている裏の現実に衝撃を受け、自分も何

「心の変化を生み出したい」という共通の思いで取材は盛り上がった

かしたいと思ったことがキッカケです」

資源をめぐる争い…なくなる日は果たして来るのでしょうか。豊かな生活を送ることができている私たちだからこそ、少しでも資源について意識していきたいですね。

秋葉氏「大学では持続可能な開発のための教育を勉強しています。環境問題はいくら良い政策や技術があってもそれを使う人の気持ちがすごく大事だということに気づき、研究しています。何かを好きになると大事にしようという気持ちになりますよね。それと同じように環境も好きってみんながなれるような、そんな世界になったらいいなと常々思っています」

子ども向けに独自の「レアメタルかるた」を作り、楽しいから欲しい！と興味を持ってもらえた時がとても嬉しかったとのこと！私の活動もどうにかして心の変化を生み出せないかという試みなので秋葉さんの想いにとても共感できました。

秋葉氏「環境というワードに反応して授業を選ぶ学生も増えてきていますが、不要な空調を切らなかったり分別して捨ててなかったりと、行動には繋がっていない段階なのかなと思っています。地球サミットを経て環境が社会に普及したので、次は行動をどうするかというステージにきています」

環境問題を解決したいという同じ想いのもと、世代を超えてフラットに話しをしたいと熱く語る秋葉さん。環境について繋ぎたい想いのある方は、ぜひ全国ギャザリングや企画などを通してエコ・リーグの皆さんと接点を持ってみてくださいね！

（環境新聞　2015年7月15日掲載　肩書きは当時のもの）

地域密着で ママへエコ発信！

森ノオト　理事長

北原 まどか 氏

未来に向けエコマインドの持ち主を確実に増やすには、子育て世代の環境リテラシーが重要だと思っています。私は今まで20代から同世代のエコマインドを増やす手段としてアイドル風の環境啓発活動をしてきましたが、今回はママをターゲットに長く活動をされているＮＰＯ法人森ノオト理事長の北原まどかさんにお話しを伺いました。北原さんは0歳と6歳、2児のママさんです。

北原氏「横浜市北部の青葉区を中心にエコロジーな地域情報を発信するウェブメディア森ノオトを2009年11月から運営しています。立ち上げは地元の工務店、ウィズハウスプランニングにご協力いただき、まずは企業ＣＳＲの一環としてスタートしました」

しかも個人事業主として委託を受ける形態だったとのことで、このような大胆なＣＳＲは初めて聞きました！利益を地元に還元する新しい手法ですね。その後2013年にＮＰＯ法人として独立。

空き箱を使った独立型ソーラーシステムを手にする北原氏（左）と筆者

北原氏「２周年パーティーの際、地域のエコのつながりだけで110名も集まりました。その様子を見た社長がこれだけ独自に成長を遂げたのなら独立してもっと自由なことをやってもいいのでは？と背中を押してくださり、１年かけてＮＰＯ法人にしました」

ジャーナリズムで社会課題を解決したいという想いから新卒でタウン誌の記者へ。その後エコ住宅雑誌の編集者として３年半程勤務し2005年にフリーライターとなった北原さん。以降は環境問題、特に地球温暖化について日本中を取材していったとのこと。

自然素材でリノベーションされた事務所「森ノオウチ」で取材

北原氏「長女の出産を機に今までのキャリアを活かした仕事をしたいと思い立ち上げたのが、地域×エコのメディア・森ノオトです。当初、月 20 本のペースで記事を上げていたのですが、ある時読者のママさんが情報発信側になったら楽しいのではと思いリポーター制度をスタートさせました。子どもが大人になる頃、環境問題は生存に関わるのではと危惧しています。子どもを守るという視点からお母さんたちに届く情報発信を心がけています」

リポーターにファンがつき、読者も右肩上がりに。ママ友のネットワークというのは時に大きな力につながりますよね！

北原氏「取材対象は一見エコではなさそうなことまで広げ、それをいかにエコの切り口で扱うかをママリポーターに考えてもらっています。すると私でもできるエコってなんだろうとみんな考えてくれます。これはとても大きな変化です」

私もエコへ興味を持つ人の底上げをしたいと思っているのでと

ても共感できます。誰かのために、自分のためでもいい、まずは考えることが大切！

北原氏「我が家では母の影響で小さな頃からずっと石鹸シャンプーを使うなどエコな生活でした。ですが多感な時期に合成シャンプーを使ってみたら今までにないツルツルな髪に！感動してそこにお小遣いを費やし親と喧嘩しました。就職した後、やはり自然のものが一番心地良いことに気づき戻りました（笑）」

ＮＰＯはボランティア団体ではなく事業を通して社会課題を解決する立場であり、特に森ノオトはお母さん（生活者）視点の情報発信ができる特異な団体です。ママさんの意見が必要な時、マーケティングの場として活用するなど協働パートナーとして関わってみるのはいかがでしょうか？

（環境新聞　2015年8月19日掲載　肩書きは当時のもの）

科学的アプローチと感性的アプローチで

Value Frontier　取締役

梅原 由美子 氏

エネルギーは低炭素、資源の利用は循環型でさまざまな自然と共生をしていくこと。これが持続可能な社会における理想の姿です。前者２つは企業との関係を想像できますが、自然共生の話となるとなかなか想像しづらいなと感じています。ですが今回、生物多様性×事業活動についてヒントとなるお話を聞くことができました。お話くださったのはValue Frontier株式会社で環境・開発コンサルタントとしてご活躍されている梅原由美子さんです。

梅原氏「当社は10年前に夫婦で作った会社で、夫の専門である国際協力コンサルと私の専門である環境コンサルを一緒にやっています。夫はＯＤＡ事業の事後評価や、国内の素晴らしい環境技術を発掘し途上国で活用できるか調査する仕事を手がけています。私は企業の事業活動をいかに低環境負荷にできるかを廃棄物やエネルギーだけではなく生物多様性を含めてコンサルをさせていただいています」

環境・開発コンサルタントとして活躍する梅原氏（右）と筆者

ご主人である石森氏は国際協力銀行でＯＤＡ事業に携わっていましたが、できるだけ現場に出たいとの気持ちがあり、そして梅原さんも同時期に研究から実務にシフトしたいと思っていたため２人で会社を設立されたとのこと。ご夫婦で環境ビジネス起業なんて素敵すぎます！

梅原氏「環境分野に興味を持った一番のキッカケは、高校時代にオーストラリアへ留学したことです。10日間船で過ごしたりエコツアーに沢山連れて行ってもらい、大自然の中で生かされているということや人間のちっぽけさに気づかされました。その後大学院で環境税導入の経済影響や排出権取引による産業への影響を研究していました」

カルチャーショックのようなことがあると人の心は大きく変わりますよね。梅原さんは命の危機を感じるような体験もあったとか…ぜひ直接お会いして伺ってみてください（笑）

梅原氏「全ての物質は生態系の仕組みの中で循環しています。私たちの生み出したシステムがその原則を超えているため環境問題が起きています。ですので事業活動が生態系へどんな影響を与えているかを、事業所の土地利用や部品の原材料発掘まで遡りライフサイクルで考えるようにしています」

やはり企業ではＬＣＡなど科学的根拠がないと納得しがたい部分もありますよね。ですがこういった科学的アプローチと合わせて梅原さんは感性へのアプローチも大切にされているそうです。

梅原氏「特に技術者の方にご参加いただくのですが、自然観察会をやっています。カビでも苔でも良いので自然が持っている機能や性質などを観察し、バイオミミクリーの観点から技術のヒントを探したり自然の成り立ちを学びます。遠回りなようですがそういった考え方ができる社員さんを増やしていくことが大切だと思っています」

会社が生物多様性というテーマで何かを考える際、自然から手がかりをもらうという手法があるとは驚きました！

梅原氏「今年の４月、南阿蘇に里山エナジー株式会社を設立しました。農村のエネルギー事業開発に特化した会社で、岐路に立つ農家に副業としてエネルギーを加えると少しでも安定するのではと考えています。当面の目標は農村の持続可能なエネルギーの事例を現地の方達と作っていくことです」

生物多様性と事業活動などについて語り合った

そのような事例ができれば農業の希望になりますね。今月末から阿蘇の小国町と高森町でセミナーも開催されるとのことですので、ご興味のある方は参加されてみてはいかがでしょうか!?

（環境新聞　2015年9月16日掲載　肩書きは当時のもの）

ラジオでポジティブエコ！

FM ヨコハマ　E-ne! ~good for you~

DJ MITSUMI 氏

モットーは「エコをもっと楽しく！」。環境活動は地道で真摯な取り組みが多いことから少し暗いイメージになりがち。なのでエンタメや対話を通じて、楽しくアプローチすることが大切だと思いながら私は活動を続けています。今回はそのような信念にとても近く、明るく楽しく「声」で皆さまにエコをお届けしている方をご紹介します。ＦＭヨコハマのお昼の番組「E-ne!~good for you~」（毎週月～金曜 12 時～ 16 時、以下 E-ne!）を担当されているＤＪ　ＭＩＴＳＵＭＩさんです。

ＭＩＴＳＵＭＩ氏「E-ne! は放送開始から今月でちょうど丸６年です。前身の番組は『グリーンオアシス』（2008 年４月～ 2009 年 10 月）といい、毎週日曜朝に放送していました。両番組はＦＭヨコハマが局をあげて環境を考えていこうという姿勢から生まれた番組で、開始当初は環境に特化した４時間番組でした」

現在番組内でのエコの内容は人気のコーナーを残すのみとなっ

「声」でエコを届けるＤＪのＭＩＴＳＵＭＩ氏（左）と筆者

ていますが、私もエシコンという世の中や環境に良いものを紹介するコーナーなどに出演させていただいたことがあります！

ＭＩＴＳＵＭＩ氏「小さい頃から山に登るのが大好きで山女歴は30年を超えます。自分の身を持って自然環境を身近に感じていましたが、番組に関わってからは技術面での環境大国・日本という側面も強く感じるようになりました」

なんと３歳頃に島根県の三瓶山をハイハイしている写真があるそうです！中学時代には年に１度北アルプスへ行き、成人してからは富士山も登頂。現在は丹沢山系や高尾山などいろいろな山に入っているとのこと。

ＭＩＴＳＵＭＩ氏「番組で専門家の方からお話を伺う機会が増え、山が健やかだと川も美しく、土壌の栄養が川から海へ行くという一連の自然の結びつきに気づき、点が線につながっていくのを感じました。番組がなかったら本当の山の良さに気付けなかったかもしれません。E-ne! を通して山の尊さに改めて気付くことができました」

さまざまな環境問題に触れて説得力も増したけれど硬くはなりたくないと仰るＭＩＳＴＵＭＩさん。難しいと思わせないようポジティブに振り切ってお伝えすることで、ちょっとでも興味を持ってもらいたいとの想いに大変共感しました。

ＭＩＴＳＵＭＩ氏「以前は定期的にリスナーさんに無料参加していただける自然教室を番組と並行してやっていました。山の麓のビオトープを散策した後ＢＢＱしたり、ビーチクリーンをするような内容です。今年３月には横浜つながりの森で開催することができましたが毎回大変有意義です」

ラジオと連動型の自然体験イベントとは凄いですね！リスナーさんのエコを想うあたたかい気持ちを、さらに根付かせる素晴らしい企画だと思いました。

ＭＩＴＳＵＭＩ氏「間伐した森は植生だけではなく温度が違うなど自然の営みをダイレクトに感じます。そういった『山の声』を胸に伝え続けることが使命だと思っています。ラジオを聴いた

取材はＦＭヨコハマのスタジオ内で行われた

方が今度は伝え手になり、さらに周りに伝わるという輪で後世へつなげていきたいですね」

山女を極めつつあるＭＩＴＳＵＭＩさん、最近では虫や風の声が聞こえるようになったとのことで、将来は仙人になるかもしれないと終始冗談を交えながら明るく楽しくお話くださいました！ ＤＪ仙人のラジオ楽しみにしていますね（笑）

（環境新聞　2015 年 10 月 21 日掲載　肩書きは当時のもの）

ミス理系と元エコアイドルのコラボ！

ミス理系２０１３グランプリ

五十嵐 美樹 氏

先月20日、環境とエネルギーをテーマに女性の学びと活動を支援する「ジョシエネＬＡＢＯ」というプロジェクトを発足しました。私が環境問題に興味を持った頃、志はあれどお金はない…という状況だったのですが、縁あって無料の環境連続講座と出会うことができ、しっかりとした学びを得ることができました。そのような経験から女性の学習と実践をサポートしたいと思い、「全ての女性にチャンスを」をモットーに立ち上げました。環境業界の理解促進や人材育成へつなげたいと思っていますので、応援いただけますととても嬉しいです！立ち上げ時の強力メンバーの１人に、ミス理系2013グランプリの五十嵐美樹さんがいますので今回は彼女にお話を伺いました。

五十嵐氏「ミス理系コンテストは理系のイメージアップなどを目標としている学生団体ＣＵＲＩＥ（キュリー）が2012年から開催しています。今まで学んできた物理や数学の知識と、６歳か

「ジョシエネＬＡＢＯ」で共に活動していく
ミス理系グランプリの五十嵐氏（右）と筆者

ら続けているダンスで培ってきた表現力を生かせると思い挑戦しました」

理系というと男性が多いイメージがありましたが、最近はリケジョという言葉も浸透しそのようなイメージも払拭されてきたように感じます。研究者全体のうち女性の割合は約15％と、女性研究者は徐々に増えているそうです。

五十嵐氏「グランプリを獲ることができれば社会貢献活動へ参画しやすくなると思ったのですが、『あなたに何ができるの？』と問われた時に専門知識があるだけだと気づき悩みました。そんな時、理系知識を分かりやすく解説して欲しいという方々と多く

次世代へつないでいくことの重要さを語り合った

出会うようになり、教えるということから始めてみました」

何か社会に貢献したいと思っている方は沢山いるのですが、その「何か」を探すのが大変ですよね。ジョシエネＬＡＢＯではそのような女性も大歓迎。ぜひ一緒に自分に合ったその何かを探しましょう！

五十嵐氏「今は理系女子たちへ専門分野の活かし方やキャリアに対する悩みに応えるような講演活動をしています。また子ども向けの体験型実験教室の開催や、ブログを利用し実体験ベースの情報発信にも力を入れています」

子どもへは教えるというより対話して進めることが大切で、教える側も成長できると笑顔で話す五十嵐さん。「光ったよ！」、「なんでなんで？」という子どもたちの純粋な反応が予想以上で、知的好奇心をすごく持っていることに驚いたそうです。

五十嵐氏「物理の先生に虹の原理を教えていただいた際、初めて物理が面白いと感じこの世界に入りました。何がきっかけで理科を好きになるか分からないのでこれからもいろいろとチャレンジしたいと思っています。またみんなのチャレンジを手助けしていきたいです」

代替エネルギーを生み出す技術開発など、環境問題の解決に向け多くの研究者が日々一生懸命研究しています。科学と環境は切っても切れない関係。研究の実用化と環境社会への応用という流れをみんなで応援して次世代へつないでいくことが重要だと2人で話し合いました。

ジョシエネＬＡＢＯプレゼンツのオープン講座「やさしい電力自由化」を12月3日（木）18時半より都内にて開催。五十嵐さんの理科教室は同月20日（日）14時から開催しますので、ぜひ遊びにいらしてくださいね！

（環境新聞　2015年11月18日掲載　肩書きは当時のもの）

インテリアの視点で「うちエコ」を！

日本フリーランスインテリアコーディネーター協会　会長

江口 恵津子 氏

寒くなり暖房が欠かせなくなってきましたね。断熱をすると省エネで暖かく過ごせ光熱費が抑えられるだけではなく、結露によるカビの発生や建材の劣化の抑制、ヒートショックの予防になると言われています。ですがおうちの事情はそれぞれ違うもの。このような知識があってもなかなか行動に移せない人も多いのではないでしょうか。

そういった方へ朗報です！今回はオーダーメイドの「うちエコ」を提案してくださる日本フリーランスインテリアコーディネーター協会（ＪＡＦＩＣＡ）の江口惠津子さんにお話を伺いました。

江口氏「ＪＡＦＩＣＡはフリーで活躍するインテリアコーディネーター（ＩＣ）のプロ集団です。協会としての大きな活動とは別に各々が興味を深めたい分野で研究会を立ち上げており、その一つに『うちエコ研究会』があり、美しくエコな暮らしを提案しています」

うちエコ診断を提案する江口氏（右）と筆者

今までインテリア業界にエコに関する調査研究事業がなかったため、公益社団法人インテリア産業協会より３年連続で助成をいただいているとのことです。私もインテリアからエコを考えるという視点が珍しいと思い、今回の取材は突撃アポでお願いしました！

江口氏「環境省がうちエコ診断士という制度を作るという情報をいただき、これからの時代は家の中のプロであるＩＣがエコを知らなければお客様へ何も提案できないのでは？と思い立ち上げました」

うちエコ診断士とは、各家庭のライフスタイルに応じたきめ細かい省エネの診断やアドバイスを実施する環境省認定の公的資格です。昨年からＪＡＦＩＣＡはうちエコ診断実施機関の審査も通過し、エコとインテリアを提案できる珍しい団体として注目を浴びています。

江口氏「日本人のエコの原点を突き詰めると少し昔の懐かしい空間にあると思い、展示会で『和モダンエコインテリア』を提案しています。ミラノ万博日本館でも人気が高かった風神雷神の描かれた2メートル四方の手漉き和紙を大胆に壁へ配置した展示をしているので大変人目を引きます。興味を持っていただいたところに実は懐かしい空間がエコでして…とうちエコのお話をしています」

千年もつ和紙、塗ったものを丈夫にする漆、風通しのいい間取りや日の当たる縁側での談話。日本のエコで豊かな暮らしのヒントはこのような「少し昔」から得られるかもしれません。

江口氏「簡易診断ですと20分、フルですと50分なのですが、診断に使うパソコン画面が可愛らしいこともあり、あっという間で楽しいという感想を多くいただきます。結果に応じて断熱に適したカーテンの長さなどのアドバイスをしています」

家の中を美しく見せるプロでありうちエコのプロ。ちょっとした気づきと素敵で無理のない範囲のうちエコアイディアをいただけそうですね！

江口氏「社会科見学などで子どもたちは熱心に環境問題を学んでいます。でも家に帰ると親がエコをできていなかったり…そのようなことがないよう、ぜひうちエコ診断をして我慢しないエコを一緒に探しましょう」

「我慢しないエコ」について語り合った

子どもたちの熱心な学びを無駄にしないことが、大人としての大切なエコ活動かもしれませんし、次世代へつなぐポイントですね！

日本の温室効果ガスの削減は家庭部門が大きな課題となっています。うちエコ診断を企業側からお勧めし、社員の方に受けていただくのも新しい環境貢献の形なのではと思いました。

（環境新聞　2015 年 12 月 16 日掲載　肩書きは当時のもの）

最後の最後まで、蛍光灯リサイクルを貫く

フジ・トレーディング　代表取締役社長

大羽 敬子 氏

2013年10月に国連で「水銀に関する水俣条約」が採択され、2020年に水銀を使った製品の製造や輸出入が原則禁止となります。日本でも2020年をめどに蛍光灯の製造・輸入がより規制されていくことから廃棄が急増しています。１本あたり平均6ミリグラムの水銀が使用されている蛍光灯のリサイクル率は２～３割程度。大部分は埋め立て処分されているのが現状です。

より一層適正処理が求められている分野で、廃蛍光灯の収集運搬を事業とされているフジ・トレーディングの代表取締役社長、大羽敬子さんにお話を伺いました。

大羽氏「フジ・トレーディングは1984年7月に有限会社として設立し、18年程前から廃蛍光灯、廃乾電池、廃バッテリーの収集運搬事業を始めました。『溜めずに運ぶ』、『少量から回収』をモットーに関東を中心とした一都八県で営業をしています」

事業を始めた頃は営業に回っても反応がイマイチでしたが、そ

蛍光灯回収容器の脇に立つ大羽氏（左）と筆者

の後 ISO14001 の取得やゼロ・エミッションという言葉も流行り始め、大手企業も含め一気にお問い合わせが増えたとのことです。

大羽氏「一昨年、弊社の住民参加による有害ごみの分別回収システムが東京都中小企業振興公社の東京都地域中小企業応援ファンドに採択されました。廃蛍光灯、水銀体温計、乾電池など有害ごみを破損させずに分別回収できる容器を独自開発し、地域住民の皆さんが安全に廃棄できるようにするものです」

事業のノウハウを活かした住民参加型のシステムを団地や市役所など27カ所に配置し実証中。容器は排出量に合わせてアレンジすることができ、回収し易くすることで有害ごみの破損による環境汚染というリスクを減らすことに貢献しています。住民の皆さんも快く取り組んでくださっているため、今後設置場所を増やしていきたいとのことです。

大羽氏「子どもがアトピーだったので環境にやさしい洗剤が欲しいと思い、仙台のメーカーから手に入れるため仕事を始めました。当初はそこの洗剤などを扱う雑貨業から始め蛍光灯の販売もするようになり、当時、有害物質の水銀が使用されている蛍光灯が割って埋め立て処理されていました。『売った物の責任を持ちたい』という想いが生まれ、廃蛍光灯を扱うようになりました」

大羽さんはいち早く「販社責任」についての考えを持っていたのですね！洗剤という汚れた環境を綺麗にする商品を扱っていたため、ごく自然な流れで廃棄物業界へ入っていったそうです。

大羽氏「出される時にキチッと分別するのは次の中間処理のラインを考えてのこと、また廃蛍光灯の処理に関わる人への安全を最優先にと住民の方に説明しています。ごみの行き先を皆さんがもっと知れば、意識が変わり出し方が変わるのではと思っています。大きな歯車は動かせませんが、こういった住民参加の部分を支えていきたいですね」

分別しやすいツールを提供することで有害ごみがしっかり分別され、その姿を目にした地域の子どもたちはきっと自然にごみ分別ができるようになるはず。次世代へつなぐバトンがここにもあ

有害物を含む廃棄物の適正処理についてなど語り合った

りました。

全てＬＥＤ化されるのはまだ先の話。蛍光灯の生産が終了した後もしばらく処理処分というのは必要な役割です。「蛍光灯の収集運搬、フジ・トレーディングが最後の最後までやってたよね」と言われてみたいと大羽さんは笑顔で仰っていました。

（環境新聞　2016 年 1 月 20 日掲載　肩書きは当時のもの）

週末にソーラーパネルをかつぐ20代

Ｎａｔｕ―ｅｎｅ（ナツエネ）代表

藤川 理子 氏

４月から電力小売が全面自由化するため今年に入り連日ニュースが流れるようになりました。そのような中、家の使用電力を再生可能エネルギーでまかなう夢が叶うのではと期待する方も多くおり、再エネという観点からもこの電力自由化は注目されています。

そんな再エネの１つである太陽光発電。ソーラーパネルが整然と並ぶ姿はとても印象的で、広大な土地に並べられたパネルの作り出す近未来的空間は圧巻です。その魅力に可能性を感じた藤川理子さんは、不動産業界で働きながらある面白い再エネ普及活動を始めました。

藤川氏「イベント会場でソーラーパネルを担ぎ、太陽光発電を使ったスマホの無料充電サービスを行うＮａｔｕ―ｅｎｅという団体を、昨年夏に立ち上げました。パネルが頭上にあるので『面白い！』、『一回見たら忘れない』と全世代に興味を持ってもらえ

蓄電池を持つ藤川氏（右）、参謀役でパネルを担ぐ
井汲杏子氏（中央）と筆者

ています。充電時には簡単に太陽光発電のしくみを伝えています」

反応は千差万別で、高齢の方からは「若者の活動で元気がもらえる」、同世代からは「太陽光発電でこんなに充電できるとは知らなかった」という感想、子どもからは「空飛べるの⁉」と無邪気な質問もあるそうです（笑）

藤川氏「不動産デベロッパーで働き始めた１年目、複合ビルの建替えで住宅部分への太陽熱給湯システムの導入に携わる機会がありました。ですが完成したこの設備の存在を知るのは住人か関係者のみと限られており、もっと有効的にＰＲできれば別分野の人が再エネに興味を持つきっかけになるのではと思いました」

建築や環境業界以外の人たちが太陽エネルギーに触れることで新しい発想が生まれることを期待し、思い立ったが吉日ということですぐに活動を始めたとのこと。

藤川氏「１枚のソーラーパネルからでも何かできないかという発想から、ビールの売り子さんのイメージでパネルを背負って電気を提供できたら面白いのではと思い、今の活動形態になりました。農作業時に使われる背負うタイプの日傘を改造しパネルを乗せています」

私も再エネ普及活動をしていますが、パネルを頭に乗せる発想はありませんでした！確かにインパクトがあり、人々の気を惹くだけではなく記憶にも残りそうです。

藤川氏「大学・大学院時代に建築を専攻していたのですが、意外に環境影響の観点で建材を学んだりはしていなかったなと感じています。活動を通じ自分の専門分野に環境の知識を入れることで、新しい視点が生まれました」

私も美術大学では環境問題について学ぶ機会が全くありませんでした。ですがこれからクリエイターになる人は「持続可能性を考えたものづくりが美しい」という感性を持ち合わせるべきだと思っています。

藤川氏「これからの再エネ普及には、再エネ活用に積極的に取り組む企業や団体に対して一般の人が共感や親近感を持てるような仕掛けづくりが必要と考えています。環境問題や再エネについて『勉強』という感じではなく、普通の生活の中で馴染みある存在、とにかく『難しいものじゃなくしたい』と思っています」

活動に対して特に子ども達は、何それ？どういう仕組みになっ

再生可能エネルギーの魅力について語り合う

ているの？と素直に疑問をぶつけてくれるそうです。誰もやっていない方法で子ども達に太陽光発電を見せ、電気が生まれる仕組みを話す機会を作る活動。素晴らしいですね！Ｎａｔｕ—ｅｎｅさんは活動を活用してくれる企業や団体を募集しているそうなので、ぜひコラボしてみてください！

（環境新聞　2016年2月17日掲載　肩書きは当時のもの）

自然エネ100％の
エコキャンパスを

千葉商科大学　政策情報学部　教授

鮎川 ゆりか 氏

５年前の３月、毎日使う「電気」について改めて真剣に考える強烈な出来事が私たちにはありました。節電や創エネの意識が高まり、暮らし中のエコアクションが増えたり、企業の電源責任について考え直すきっかけになったのではないでしょうか。

太陽電池の利用を中心に分散型エネルギーや未利用エネルギーなど多様なエネルギーへ注目が集まる中、「自然エネルギー100％によるエコキャンパス」を目指す千葉商科大学での研究と出会いました。ゼミの先生は政策情報学部の鮎川ゆりかさんです。

鮎川氏「大学が野田市に所有する旧野球練習場へ建設した年間発電量約280万ｋＷｈのメガソーラーが2014年４月より稼働しました。ＮＰＯエコ・リーグに指摘され、予測発電量が学内の消費電力量の約６割に当たることが判明し、残りの４割をまかなうことで『100％自然エネルギーによるエコキャンパス』が実現できるのではと検証を始めました」

鮎川氏（左）と、同氏の著書を手にする筆者

2015年度に入り2014年度の野田メガソーラーの発電量は学内消費電力量の77%に相当するという実績値がわかったとのこと。残り23%なら学内の省エネなども合わせてどうにか実現できそうな数値に感じますね！

鮎川氏「可能性調査のコンサルタントを入れる補助金を得ました。専門家による調査の傍ら、学生にはサーモグラフィを用いて全ての建物の熱の無駄を調べる温湿度調査や全校生向けのアンケート調査などを行ってもらいました。学内インターンシップとして扱ったこともあり、納期までに報告書をまとめる『仕事』として学生たちがキチンと取り組んでくれ成長を感じました」

実際にメガソーラーを見学し全校舎を調査し700人のアンケートをまとめるなど、体験を通して学べる授業をとても羨ましく思いました。生徒さんの意見から、今年度は夏に「節電週間」を設けようと目標を立てているとのことです。

鮎川氏「自分が環境へ興味を持ったのは子どもにアレルギーがあり環境問題は自分の体に直結するものだとわかったことです。その後海外の環境問題を翻訳する仕事をしたり88年から95年まで原子力に関するＮＰＯに勤め、途中ハーバード大学へ留学し政治科学を学び、97年からＷＷＦジャパンで気候変動担当・特別顧問として勤務しました。2010年から千葉商科大学の教員をしています」

初めは生活レベルから環境に関心を持ち、その後地球規模環境問題や原子力、政策をつくるというところまで関わってらっしゃる鮎川さん。この行動力に脱帽です！今後は大学で「次世代を育てる」ことと「小規模分散型エネルギーによるまちづくり」がミッションとのこと。

鮎川氏「生物多様性条約の中でＧＤＰだけが豊かさの指標ではなく、ＧＤＰ成長にいかに持続可能性があるかという観点で見る『自然資本』の考え方が出てきています。ライフサイクルにおける環境負荷が商品価格に反映され始めているので、今後ビジネス界でそういう流れが主流になっていくと信じています。私たちの

環境問題について、自然エネルギーについて、
そして次世代へつなぐ大切さについて語り合った

生命もビジネスも自然あってこそですから」

ご自身の世代と親世代が最も環境に負荷を与え、その負債を子どもたちへ先送りにしていることに責任を感じていると静かに語る鮎川さん。自然エネルギー100%のキャンパスを実現させることや世界での経験を学生達へ何度でも何度でも伝えることで、次世代への確かなバトンが渡されるのではと心から感じました。

（環境新聞　2016年3月16日掲載　肩書きは当時のもの）

Think globally, Act locally!

環境ナビゲーター

上田 マリノ

昨年４月、地元所沢市の環境大使こと「マチエコ大使」に任命されました。「マチごとエコタウン所沢構想」をはじめとした市の環境に対する取り組みをより市民の皆さまに知っていただき、環境配慮行動を促すことが役目です。このお話をいただいた際、やっと地域に認めてもらえたという嬉しさと同時に、私の活動において「地元」という大切なキーワードが抜けていたことに気づかされました。外へ発信することに夢中になり足元が見えていなかったのです。大使として活動をさせていただくことで地域の環境のことはもちろん、市民の皆さまのエコマインドがよくわかりました。嬉しいことに今年も引き続き大使のお役目をいただきましたので、どのようにしたら皆さんにエコの想いを持ち続けていただけるのか、試行錯誤にはなりますがトライする１年にしたいと思っています。

また昨年秋には２つの団体を発足しました。１つめは「環境×

「環境×女性」をテーマに「ジョシエネＬＡＢＯ」を発足。
リーダーに就任した

女性」をテーマにしている「ジョシエネＬＡＢＯ」。これは私が勤めているみんな電力にて採用頂いたＣＳＲ企画にあたりますが、女性の環境やエネルギー、そして社会との関わりを応援するプロジェクトです。立ち上げには環境新聞の本企画をきっかけに仲良くなった女性も加わってもらい、華やかなスタートを切ることができました。

「なぜ女子エネじゃなくてジョシエネなの？」とよく聞かれます。これは「ジョシ」に「女子」という意味だけではなく、大切な何かを伝えられる「女史」を目指そうという意味が込められて

マチエコ大使として、緑の保全知識を身につける
「みどりのパートナー育成講座」などさまざまなイベントに参加

いるからです。現在は定期的な学びの女子会開催や、参加者がそれぞれリーダーになるプロジェクトの立ち上げと実行、そして環境新聞にてメンバーによるリレーコラムを書かせていただいています。環境界に女性を増やすため、ぜひ応援してください！

次に「環境×音楽・アート」をテーマに森のシンガーソングライター証氏と共にGreen Artist JAPAN（以下ＧＡＪ）を立ち上げました。「音楽やアートで環境を想う心を増やせないか」、「アーティストがもっと積極的に社会づくりに貢献できないか」といった想いが発端です。環境をテーマに活動するアーティストを輩出することで、日本が目指す環境社会の構築を促すことが団体のミッションです。アーティストも社会づくりへ積極的に参加し、これからの時代を支えるひとつの存在になれるのではと思っています。現在はイベントの開催やＧＡＪと夢を共有してくれる方々との交流会などを開催しています。４月29日にはＩＩＤ世田谷ものづくり学校で開催されるファミリー向け環境イベントにて音楽ライブ（無料）を開催します。ぜひ遊びにいらしてください！

ところでタイトルの言葉ですが、使い古されているとはいえまさしくこの１年を表す言葉だと思い選びました。「地球規模で考え、足元から行動しよう」。地元での活動と挑戦したかったテーマの種まき。まだまだ点と点ですが、いつか線と面になって皆さんの優しいエコマインドにつながればと思っています。

今回は連載３年目の締めくくりとして活動の振り返りをさせていただきました。来月からも同タイトルで連載予定となっております。皆さんの周りにおすすめのエコ女さんがいましたらぜひご紹介ください！最後に私の溢れるエコマインドを伝える機会をくださっている環境新聞社の皆さまへ、この場を借りて心よりお礼申し上げます。

（環境新聞　2016年4月13日掲載）

市民がつくり出す 循環型社会

ＮＰＯ法人エコメッセ　理事長

大嶽 貴恵 氏

私の活動は「エコに興味を持ってもらうこと」というはじめの一歩に重きを置いているので本紙読者様には物足りないかもしれませんが、最近ありがたいことに学生さん向けの講演をする機会が増えました。もし人口が100億人になったらどんな暮らしになるのかというところから、学生さんにもすぐできることとして「再利用やごみの分別で資源を循環させることがとても大切」と伝えています。

そんな「循環型社会の実現」を地域に根付いたリユースショップを拠点に展開し目指されているパワフルで面白い方と出会いました。ＮＰＯ法人エコメッセの大嶽貴恵さんです。

大嶽氏「エコメッセは生活クラブ生協さんの組合員が主体となり2001年に誕生しました。チェルノブイリ原発事故の後、生活クラブ生協さんでは食品の産地管理をきちんと行っていたのですが、それにもかかわらずお茶が汚染されていました。自分たちも

提供された着物を囲んで、大嶽氏（左）と筆者

加害者にならないようにしなければとの想いから市民発電所を建てる目的のもと当初は設立されました」

設立資金集めは英国のチャリティショップを参考に「物品の寄付によるリユースショップ」を開始、この仕組みを東京全域に広めるため翌年ＮＰＯ法人化したとのことです。現在は自治体10地域14店舗まで広がり、各店舗を拠点に環境まちづくりの活動を進めています。

大嶽氏「私は2006年の昭島市での立ち上げから関わり始め、2011年から理事長を務めています。地域ごとの店舗運営や環境活動だけではなく、ＮＰＯ全体として講演会や講座の開催、足尾銅山跡地への植樹、みんなのお金で社会福祉法人の施設の屋根を借りソーラーパネルを設置するといった活動もしています」

「物品を提供することで環境活動に参加できる」という非常に低いハードルのためか、品物提供は各店舗に月約100件、３月の来店客数は全店舗で約１万4,000名！中にはおしゃべりだけしに来る方も入っているそうですが（笑）、コミュニティの場としても大活躍とのことです。

大嶽氏「エコメッセ立ち上げにはおよそ150万円かかりますが、現在は市民バンクと連携し『100％ともだち融資団』という取り組みで資金を集め、年間250万円程の当期損益が出ています。常に自転車操業で大変ですが、補助金や助成金には頼らず自分たちで収益を生み出しています」

都内で14店舗もお店を普通に運営するだけでも大変だと思うのですが、資金面も店舗運営も催事も全て市民の力で行い、地域の環境まちづくりを促すエコメッセの仕組みに脱帽です！

大嶽氏「大学卒業後は子どもを預けながらＩＴ企業に勤めていましたが、２人目の出産を機に息の詰まる生活を送っていることに気づき、『地域と関わる』という新しい働き方を考えるようになりました。幼少時は今治の蓮華畑に囲まれ育ち、山登りをし、母がよもぎを摘んでお団子を作ってくれるなど大自然が身近にあったのでそう思うようになったのかもしれません」

地域の環境まちづくりについて語り合った

子どもの頃は当たり前だったのに大人になるにつれ失っていたことに気づくと、ふと切ない時がありますよね。そして自然環境は失うとなかなか元に戻りません…。

3・11直後は店舗があることが強みとなり、店が物資を集める拠点として機能したとのことです。各地域に根付いたＮＰＯとして存在しているからこそ、みんなの想いを受け止めることができたのですね。エコメッセは来月、小金井にも新規オープンとのこと。東京都内へ遊びに行った際は人気の秘密を探りに行ってみてはいかがでしょうか!?

（環境新聞　2016年5月18日掲載　肩書きは当時のもの）

女子大生にもできる エコを考えたい

フェリス女学院大学　エコキャンパス研究会　代表

増田 瑛里沙 氏

環境問題に興味を持ったのは美術大学時代でした。高校時代からデザインの世界に進もうと決めていたのですが、多感な時期にごみや貧困､健康といったあらゆる面から環境問題について知り、思いっきりシフトチェンジをしました。大事なキッカケはどこにあるかわからないので、この連載ではキッカケにも注目して取材をしています。

そのようなさまざまな可能性を秘めた学生時代から環境サークルに参加する女性の想いを探るべく、フェリス女学院大学のエコキャンパス研究会（以下エコキャン）にお話を伺いました。大学自体にも太陽光発電や風力発電、雨水利用のトイレや食べ残しの堆肥利用などさまざまな環境配慮があり、2012 年の全国エコ大学ランキングで総合第 2 位に選ばれています。

増田氏「02 年に大学の公認団体となり、現在は 46 名が在籍しています。週に一度お昼休みに集まり 30 名以上でミーティング

企業とのコラボ企画などにも取り組む代表の増田さん（右）と筆者。写真左は主将補佐の冨野七夕さん

をしています。大学の外では企業さんとのコラボの活動も多く、地産地消のパンを売る企画や横浜市の子ども向けの環境教室などを運営しています」

キャンパス内では畑での野菜作りや、自然観察会、授業後の電気を見まわる省エネ月間運動をしているとのこと。大教室の照明は消し忘れが多いそうです。

増田氏「海外研修ではインドネシアを訪問し、発展途上国の貧困対策として期待されているアグロフォレストリー（農林複合経営）を視察しました。私たちに何ができるのかを考え、近所のケーキ屋さんにご協力いただき、この収穫物のヤシ砂糖でお菓子を商品開発するフェアトレードを実現させました」

新入生への入部の勧誘の時、商品化したクッキーを配りアピールしたためか、例年は１ケタの新入部員数が20名にも増えたそうです！活動の成果が見えると参加もしやすいですよね。

増田氏「エコキャンの始まりですが、環境系のゼミでさまざまな活動をしていたところ、ゼミ以外の学生も参加できるようにとのメンバーの想いから、部活として登録したと伺っています」

顧問の佐藤輝先生の話によると、90年代後半から環境の授業が人気となり、01年の図書館のエコ化から徐々に設備を環境配慮型へ切り替えたこともエコキャンの活性化に拍車をかけたとのこと。

増田氏「フェアトレードを定着させるため、ヤシ砂糖の輸入業者を探しました。７月には大量輸入する予定なので、使ってくださる企業さんを探しています。自分たちで営業活動もしているため、断られるとメンタル面で落ち込む時もありますが、日本でヒット商品化を目指して頑張っています！」

最近の動向として産学共同プロジェクトを宣伝する企業も増えていますが、中には大学の名前だけ借りたい、なんて事例もあるようです。でも、エコキャンにはアイディアをたくさん出す自信があるそうなので、ぜひ任せてあげてください！

増田氏「佐藤輝先生の授業を多く受けているのですが、エコキャンの先輩が出演したＢＳ朝日の『アーシストｃａｆｅ 緑のコトノハ』という番組を見て、同じ女子大生でもただボーッとしている自分とは違うな…と刺激を受け、入部を決めました」

女子大生ができるエコ活動などのついて語り合った

熱帯林破壊につながる油脂の入った製品をなるべく避けるなど、今では日本でできることを考えて行動するようになった増田さん。環境配慮型のエシカルショッピングでしたら女子大生にもできることの一つですよね。

また企業のＣＳＲも気になっていることの一つだと増田さんは仰っていました。御社のＣＳＲ活動が、エコキャンにチェックされているかもしれませんよ！

（環境新聞　2016 年 6 月 22 日掲載　肩書きは当時のもの）

パワーシフト、私たちの選択が鍵

国際環境 NGO FoE Japan　原発・エネルギー担当

吉田 明子 氏

今年はラニーニャ現象により夏は酷暑、冬は厳寒だと言われています。冷暖房に頼る日が少し多くなりそうなので、少ないエネルギーで過ごせるよう断熱効果の高いカーテンをプラスし、ベランダには日よけを購入しました。この夏も電気代３～4,000 円で過ごせるかが気になるところです。

毎月の電気代も気になるところですが、４月から始まった電力の小売自由化と共に電気の質ということも考えられるようになりました。今回は「再エネを買いたい」人々を応援する取り組みを行っているＦｏＥ　Ｊａｐａｎの吉田明子さんにお話を伺いました。

吉田氏「ＦｏＥ（地球の友）は 1971 年に米国の環境活動家によって設立された環境団体のネットワークです。日本団体は 80 年に設立され、現在は気候変動、森林保全、開発金融、原発・エネルギーの４チームに分かれて活動をしています」

「パワーシフトキャンペーン」の運営などを手掛ける吉田氏（右）と筆者

08年から10年は温室効果ガス削減のための法律制定を求めるMAKE the RULEというキャンペーンも共同運営されており、私はその頃から活動をし始めたので勉強のためキャンペーンの催しに参加していました。

吉田氏「東日本大震災以降は、団体として福島の問題と原発問題に注力しおり、避難基準の見直しや適切な賠償・支援について国に求めることからエネルギー政策への働きかけまで取り組んでいます。15年からは再エネの選択を呼びかける『パワーシフトキャンペーン』を運営し、再エネを重視する電力会社をウェブサイトで紹介して選択を促し、また消費者の『再エネを買いたい』

声をパワーシフト宣言として可視化し電力会社に伝えます。電力会社の再エネの電力調達とマーケティングのためにも私たちの声はとても重要です」

再エネの利用は海外でより普及していますが、日本でも感度の高い企業ほど電源についても環境配慮を見せる流れができています。今は企業としても電力に環境負荷の低さを訴求することができるので、企業の皆さんも一緒にパワーシフトを広めていきたいとのことです。

吉田氏「00年頃からテレビ等メディアの影響もあり、大学時代に今の消費社会では地球は持たないと感じＦｏＥでインターンすることにしました。当時の韓国では使い捨て容器を法律で禁止していたので調査に同行したのですが、日本では当たり前で変えられないと思っていたことが変えられることに気づき、とても印象的でした」

少し前まで韓国ではファストフード店でリユース食器を使ったりテイクアウトにデポジット制を導入しており、市民のゴミを削減したいという声が法律を動かした事例を目の当たりにし、日本でも消費者として声を上げることは無駄ではないと心から思ったそうです。

吉田氏「電力自由化で価格の安さだけが求められると石炭火力や原子力発電の推進に加担してしまうという落とし穴があります。また再エネを増やすだけではなく、まず全体の電力消費量を３～４割減らすという省エネが大前提です。国の目標は30年に22～24％ですが環境省からは35％以上可能だという試算も出ており、再エネが弱いという考えはすでに古いものです」

再エネ、省エネの重要性などについて語り合った

今年に入り電気をおまけのように扱うセット割や電気を使えば使うほどお得といったＣＭが目に付き、電気エネルギーって大切なはずなのにな…と私は疑問を感じていました。「再エネと省エネはセット！」これは再エネの活用を考えるにあたって基本にしていかなければならないマインドですね！

ＦｏＥ Ｊａｐａｎでは主催イベントの他に自治体との共催で勉強会を行ったり企業向けの講座も承っているとのことです。ちょこっとでもパワーシフトに興味を持った方は吉田さんにぜひ相談してみてください！

（環境新聞　2016 年 7 月 20 日掲載　肩書きは当時のもの）

お片づけ・遺品整理でエコに貢献

アメイジー　代表取締役

古川 めぐみ 氏

物が溢れ、いつでもどこでも何でも手に入る日本。その反動からか断捨離や必要最小限の物しか持たないミニマリストといったライフスタイルも流行りだしています。私はつい「もったいない」という気持ちから物を溜め込んでしまいがちなのでなかなかそのような生活をできずにいるのですが、そんな「捨てられない」や「片づけられない」ニーズの心へ寄り添ったサービスを提供しているアメイジーの古川さんにお話を伺いました。

古川氏「横浜を拠点に東京近郊で１人では片づけができない方のお手伝いや遺品整理・生前整理をさせていただいています。物の仕分けからリユース・リサイクル、最後の廃棄の手配まで行っていますが、一つひとつお声がけをしながら一緒にお片づけをしているのでその細やかさが女性目線だと言われています」

女性としては男性には見られたくない物もありますし、細かく要望を伝えたかったり、キッチンの勝手などは女性の方がよくわ

女性目線で遺品整理・生前整理に取り組む古川氏（右）と筆者

かるので、そういった意味でも女性目線は強みですね。

古川氏「前職の廃棄物処理業でも『捨てたい』というニーズに応えていたのですが、その手前の『捨てられない』、『どう片づけたらいいのかわからない』という方が多くいらっしゃいました。そこからご提案したかったので整理収納の資格を活かす事やリユースへの取り組みを目指し、昨年3月に個人事業主として独立し12月に法人化しました」

「捨てたい」にプラスして「片づけたい」、「1人ではできない」という気持ちの部分をくみ取りたいと古川さんは感じたのですね。室内全て廃棄などの場合、ごみとリユースやリサイクルできる物などすべて分けると全体の廃棄量が半分以上減る事もあり、

「捨てること」、「次世代に引き継ぐこと」などについて語り合った

未使用ハガキ１枚でも捨てずに売れることをご案内するそうです！

古川氏「『片づけられない』は大量生産大量消費が生んだ社会問題です。昨年９月の持続可能な開発サミットで採択されたアジェンダにある『グローバル・ゴールズ』の１つに『責任ある生産と消費』があります。物が溢れていて買わないと満たされない状況の日本では、責任ある消費を意識することが環境問題を解決する一歩だと思います」

お得だから、安いからといってどんどん買うと、すぐ壊れたり結局使わなかったり…必要な物を必要な分だけ買う、愛着を持って長く使えるものを買うといった消費行動が、環境時代に生きる私たちには求められています。

古川氏「自分の持ち物はいつか必ず有価物か廃棄物かになります。物を遺していくと、お子さんが親への想いと重なり泣きながら捨てる状況などもあります。自分の所有物をちゃんと管理把握し、次世代へ引き継げるようにしておくのは、ある程度の年齢になれば必要なことだと思います」

捨てたいけど手放せないというお片づけからどこから手をつけて良いのか分からない生前整理・遺品整理、そしてもう一度使ってほしい想いを叶えるリユース・リサイクル。心に寄り添った「捨てる」を実現している古川さんの温かい想いがお話から伝わりました。お片づけを始めてみたいと思った方やなるべくリユースしてほしい方などは、古川さんが講師を務められているセミナーもあるとのことなのでまずは伺ってみてはいかがでしょうか？

（環境新聞　2016 年 8 月 24 日掲載　肩書きは当時のもの）

フードロス解決に新たな風を

フードロス・チャレンジ・プロジェクト　代表

大軒 恵美子 氏

今年初め廃棄カツの横流し問題が発覚したことで、食品廃棄に対する世間の意識が高まったように感じています。世界では年間13億トンの食品が捨てられ、これは全世界で生産される食品の約３分の１に当たるそうです。フードロスは食品が作られる過程に投入された水や肥料、エネルギーも無駄になり、また処理の際にもエネルギーが使われます。そのようなフードロスについて日本での動きを知りたいと思い、フードロス・チャレンジ・プロジェクト代表の大軒さんにお話を伺いました。

大軒氏「フードロス・チャレンジ・プロジェクトは2012年末に任意団体として立ち上げました。今まで食糧問題というと食糧が足りていないという声が強かったのですが、近年は一転し、実は食糧はあるけれどさまざまな理由により途中で失われていたり、意図的に捨ててしまう慣習があるという話が出てきました。その課題を日本国内で捉えていきたいという想いから活動を始め

「食」の問題に係わり続ける大軒氏（左）と筆者

ました」

大軒さんが国連食糧農業機関（以下ＦＡＯ）へ転職した11年春に、国連初の食料ロス・廃棄問題に関する報告書が発表されたことが本プロジェクトを考え始めた動機とのことです。

大軒氏「非営利のため当初は手弁当状態でしたが、昨年度は東京都環境局のモデル事業として採択いただき、多くのステークホルダーへ情報を届けられるようになりました。自治体や学校などと連携した啓発活動も行えるようになり、小さくやっていた時は試行錯誤の連続でしたがようやく広がりがみえてきました」

今年２月に実施した期間限定イベントでは評判・評価を高くいただき、新年度以降全国展開をしているそうです。もしかしたら皆さんも目にしているかもしれません！

大軒氏「小学校の卒業文集に環境庁事務次官になると書いていたのを覚えています（笑）大学では地理学を専攻し社会的問題や自然地理学を学び、下水問題を卒論で扱いました。『自然と社会の共存』というテーマが一番具現化されているのが第一次産業の中では『食』だと思い、ずっと関わっています」

小学時代から意識が高くてびっくり！大軒さんは生まれも育ちも東京ですが一時期兵庫の山麓で過ごしたことがあり、その自然の記憶と東京でのギャップを抱えていたことが環境問題を意識するきっかけだったようです。

大軒氏「日本人や日本企業が食糧問題と対面した場合、他国の飢餓は一見距離が遠く取り組みづらい側面がありますが、フードロスはいろいろな場所で起きている問題なのでとても身近です。問題解決に取り組んでいるのは食品メーカー、流通、小売以外にも、ＰＯＳシステムや容器包装の会社など意外に幅広く、ＦＡＯが食料ロス・廃棄問題に取り組むプロジェクトを始動した際のパートナーは容器包装業界でした」

世界の飢餓はとても重要なはずなのにいまだテレビの向こうの話に聞こえがちです。しかし農産物などを輸入に頼っている日本は日々豊かな生活を送るために他国の食料を口にしていると言っても過言ではなく、世界の食糧問題と日本は常につながっています。

世界の食糧問題と日本のつながりなどについて語り合った

大軒氏「企業が率先して取り組む仕組みはできつつあるのですが、先進国のフードロスの半分は家庭からと言われており、一般消費者の慣習を変えることがこれからの課題です。どうしたら残さなくなりやすいかなど、行動を促すデザインをもっと考えていきたいと思っています」

とても身近な「食」というキーワードを次のＣＳＲ活動として取り入れるのも良いかもしれません。何かしてみたいという方はぜひ大軒さんに相談してみてください！

（環境新聞　2016年9月21日掲載　肩書きは当時のもの）

休載に寄せて

環境世代につなぐためには

環境ナビゲーター

上田 マリノ

私事で大変恐縮ですが、12 月に出産予定となり本号をもって休載させていただくこととなりました。連載「エコ娘が聞く！」シリーズはおかげさまで３年半を迎えることができ、環境に関する仕事や活動をしている 39 名の女性から沢山のお話を伺うことができました。

取材で特に私が注目していたことは、皆さんが「いつ、どんなきっかけでエコに興味をもったのか」でした。普段の生活ではなかなか取り組めない側面がある環境問題というテーマに皆さんはどうして興味を持ったのでしょうか？それぞれの気づきには個々のストーリーがありとても魅力的で、そのことが環境問題の解決へ役立つ「次世代へつなぐ」手がかりを得ることができると考えています。読者様１人ひとりにもお伺いしたいくらいです。

興味を持ったきっかけを問い続けた中で得た解決へのヒントは、それぞれのライフステージにありました。「幼少時に自然が

実践女子大学にて講演する筆者

多い場所で育った」、「学校や課外活動を通じて」、「仕事を通じて」、「母になり子どもの食と真剣に向き合った時」と主にこの４つに分かれており、今後もこれらの場面へアプローチしていけば環境へ意識を向ける人々が増え、おのずと環境ビジネスの重要性も高まっていくのではないかと感じています。

それでは環境業界に身を置く私たちはこの４つに対して事業やＣＳＲ、広報を通じて何ができるのでしょうか？すでに取り組んでいることもあるかと思いますが、１番目は自然保護活動や自然教室の機会提供、２番目は産学協働事業や学生活動への支援、３番目は業界の認知度アップなどでしょうか。そして４番目は女性

今月の女子会では特別講師を招いて勉強を実施

ならではの視点にもなりますが、「母」、「子どもの生活」、「食」といったキーワードを拾うことができます。これらのテーマに対して今まで取り組んだことがないかもしれませんが、環境業界からのアプローチとして他との差別化を図る意味でも新たに考えてみる余地があるかもしれません。特に環境系ＮＰＯは女性が代表していることも多いので、ヒアリングやコラボ、協働することをおすすめします。

この連載もきっかけの１つですが、私自身もこの１年は「女性」をテーマに活動してきました。エコやエネルギーに関する学びの女子会を月に一度開催したり、積極的に女子大学で講演をしたりと、環境業界になじみの薄い方から少し興味を持ちつつある方まで、何かきっかけを提供できないかと試行錯誤で取り組んできました。初めはあまり人気が出ませんでしたが、徐々にもっと環境について知りたいという同世代のエコ仲間が増えました。これから母となり子を育てる可能性のある女性に少しでも環境について知ってもらうこと、それが私のやりがいでした。

今は人の親となる準備期間で主な活動ができていないのですが、子育てが落ち着いた頃に問題解決へ向けた機会創出の場づくりへ再びチャレンジしたいなと思っています。

女性への取材を通じてさまざまなエコマインドを知ることができ、また環境の中でも分野を限定しなかったことから私自身も大変勉強になり、自分でも成長を感じることができました。このような貴重な機会をくださった環境新聞社の皆さま、並びに3年半応援してくださった読者の皆さまに改めて感謝の気持ちを伝えたいと思います。本当にありがとうございました！

(環境新聞　2016年10月19日掲載)

特別編

インタビュー　次世代に「エコ」伝えたい

特別鼎談　環境ビジネスにおける女性の活躍

特別対談　所沢市長とマチエコ大使

書き下ろし　エコ娘からエコママに

次世代に「エコ」伝えたい
全産廃連青年部イメージガールが転機

（環境新聞とのコラボはこのインタビューから始まりました）

インタビュー

エコアイドル（環境ナビゲーター）上田マリノさんに聞く

環境をテーマに活動する「エコアイドル」の上田マリノさん。全国産業廃棄物連合会青年部協議会が09年から10年にかけて取り組んだ「CO_2マイナスプロジェクト」ではユニット「エコガールズ」としてイメージガールを務め、産廃処理業界のイメージアップに一役買った。現在は「エネルギーアイドル」としてみんな電力の取り組みに参加、環境適正推進協会の広報大使も務めるなど、活動の幅を広げている。上田さんにこれまでの活動や今後について聞いた。

――環境問題に興味を持ったきっかけは。

「クリエイターになりたいと思って美術大学に通っていたころ、

パネルを美しく仕上げるのが課題の一つとなっていたのですが、そのパネルは使い切りで終わると皆すぐ捨ててしまい、次の課題に取り掛かっていました。課題が終わるごとにごみ箱があふれていて、良いものを作ろうとしているのにこんなにごみを出していいのだろうか、デザイナーこそこうしたごみを減らすべきなのではないかと思うようになりました。そのころは環境問題の知識もなかったのですが、『ごみ』をキーワードにエコに興味を持つようになりました。そして、『女子高生からエコを流行らせる』という企画提案を卒業制作にしました」

——活動を始めたのは。

「洋服などのモデルをしていたころ、5人組のエコをテーマにしたアイドル『エコガール』というユニットを作るという話があり、参加することになりました。最初の仕事は神奈川県厚木市の『あつぎ鮎まつり』で、自然保護やごみは片づけるなどエコ指向な祭りということで親善大使を務めました。

その後まだエコにお金を投資するという時代でもなかったということもあり、あまりうまくいかなかったのですが、その間も私はエコ検定やエコキーパーといった検定を受けたりエコに関する勉強を続けてきました」

——全産廃連青年部の活動に参加したのは。

「そうしていたころ、続けていたブログをきっかけに声がかかり、当時エコガールズは2人になっていたのですが、09年から10年にかけて全産連青年部が行った『CO_2マイナスプロジェクト』のイメージガールを務めることになりました。これを機にエコガールズの活動も本格化しました。また、全産廃連の活動に係ったことで、ごみの分別やリサイクルといったことについてさらに勉強するようになりました」

――青年部の活動の後は。

「10年11月に全産廃連青年部の全国大会があって一段落した後、メンバーを増やしてエコガールズとして新たな活動を始めようとしていた時に、11年3月11日の震災が起きました。ひとまず活動は休止して自分ができる支援活動をしようと、5月と7月に宮城県の女川町や気仙沼市を訪れ、体育館でご飯を配膳する活動などを行いました。震災をきっけにメンバーの中にはそれぞれの道を進む人も出て、結果としてエコガールズはまた2人となりました。

そのころ、自分が作詩をして歌をつくっていて、12年にはイベントやライブで歌を通じてエコを伝える活動も始めました。私が作った歌の中に『RingRing!!』という曲があるのですが、これは私の原点とも言えるリサイクルがテーマで、廃棄物関連で働く人たちの応援ソングになるような明るい曲にとの思いがこもっています」

――エネルギーアイドルの活動は。

「12年にエコガールズとの活動とは別に、『みんなで電気を作る』をコンセプトとした会社『みんな電力』の取り組みに参加し、エネルギーアイドル(エネドル)の活動も始めました。エネルギーも環境という切り口で関心があったし、3・11が世間が原発問題を見直すきっかけになったということもあり、これからはずせにテーマだと思っています。エネルギーも資源ということで、バイオマス、ごみ発電などこれまでかかわってきたことも関連してきます」

——エコガールズの今後の展開と自身の目標は。

「直近の活動としては、排出事業者と処理業者の架け橋的な存在となることを目的に設立された、環境適正推進協会の広報大使を務めていて、今月18日に前橋市で行われる同協会主催のシンポジウムに参加する予定です。

個人的な目標としては、自分の活動を広げることはもちろんですが、次の世代を育てたいと思っています。学生などにもエコを広げて、私のような活動をしてくれる人を探して行きたいです」

(環境新聞　2013年1月17日掲載)

特別鼎談

環境ビジネスにおける女性の活躍

〔出席者〕

シューファルシ代表取締役　武本 かや 氏

GREEN　PLUS代表取締役　西 奈緒美 氏

環境ナビゲーター　上田 マリノ 氏

武本 かや 氏
「表現や情報発信の仕方もっと柔らかさ必要」

西 奈緒美 氏
「女性の感性生かして業界イメージ変革を」

上田 マリノ 氏
「仕事もライフスタイルも未来見据え環境配慮型に」

2月26日、兵庫県の有馬温泉「兵衛向陽閣」でシューファルシ主催、環境新聞協力で環境セミナーを開催したが、セミナー終了後には講師や司会を務めた環境ビジネスに取り組む女性3人による「環境ビジネスにおける女性の活躍」をテーマにした特別鼎談を実施した。セミナーを終え浴衣に着替えリラックスしたムードで、それぞれの環境ビジネスに対する思いなどを語り合ってもらった。

——自己紹介を。

武本　兵庫県産業廃棄物協会青年部幹事を務めながら、廃棄物コンシェルジュとして排出事業者、廃棄物処理業者の環境への取り組みをサポートしている。最近新会社シューファルシを立ち上げ、今後は廃棄物処理業者などへ研修事業を提案・実施していく計画だ。

西　2005年に有限会社ＧＲＥＥＮＰＬＵＳを設立し、主に再生プラスチックのリサイクル事業を手掛けている。再生プラスチックで製造した角材、平板、車輪止めなどをＥＣサイトで販売している。カーボンオフセット付き商品も販売しており、最近ではカーボンナノホーンという次世代のナノ素材なども取り扱っており、主にプラスチックの上流から下流までの事業を手掛けている。

上田　環境ナビゲーターとして、「エコを楽しく知る」ということを皆さんに伝えていくため、さまざまな活動を行っている。環境意識を「０から１」までいかなくとも、「０から０・１」でもいいので、少しでもエコ意識が芽生えるように普及啓発活動に取り組んでいる。

——環境ビジネスに対して思うことは。

西　環境に関する展示会などもさまざまに行われていてよく見

るが、現在の一般的な環境ビジネスのイメージは「暗い」、「ダサい」、「小難しい」といったものではないかと思う。環境というのは、本当はもっと生活に密着したものであるはずなのに、一部の特殊なビジネスとして展開されていることに不自然さを感じている。もっと女性の感性も取り入れれば変わってくるだろう。

武本　本来環境は生活に身近なものなので、女性の方が伝えやすいのではないかと思う。大事なことは、自分たちの安全な未来を守るためには、環境問題について今から取り組んでいかなければいけないということを伝えていくことだ。あまり難しい言葉ばかり並べても、一般の人には理解されないだろう。もう少し柔らかい表現や情報発信の仕方ができれば良いと思い、私は自分なりの方法でそこに取り組んでいる。

上田　私が環境問題に取り組む上でいつも考えていることは、自分が子どもを産んだとして、子どもたちが生きる未来も最低限自分たちが今暮らしているのと同じレベルを保っていてほしいということだ。そのためには世界的に見れば人口増加で資源が不足していくので、資源を循環させていかなければならない。未来につないでいくために、仕事もライフスタイルも環境配慮型になっていかなければならない。現状では環境にこだわって事業を行っているところと、大量生産大量消費などの反省から環境に取り組んでいるところとに分かれていると感じている。

――環境ビジネスにおける女性の役割は。

西　やはり女性ならではの発想や、伝え方が柔らかいなどといった特徴があると思う。これは環境ビジネスに限らず、生かすべき女性の特徴だろう。しかし､環境分野では女性が少ないので、私たちの活動がたまたま目立ってしまうという面もあるだろう。特に廃棄物、リサイクルの関連分野では女性の営業などは少なかったので､私が営業に回り始めた時は珍しがられ､そこでコミュニケーションが生まれるようなこともあった。

上田　環境ビジネスは廃棄物だけでなく森林、農業、CO_2などさまざまあり、どの分野も男性が多いが、環境配慮型ファッションに取り組んでいる企業などは圧倒的に女性が多い。やはり衣食住にかかわることであれば女性が多いようだ。徐々にそうした衣食住に関することからリサイクルなど広く環境分野に女性が進出しようとする際に、少しでも入っていきやすいような環境づくりに貢献することが私たちのミッションだと思っている。

武本　男性より女性に対しての方が、悩み事などものを言いやすいと思う。このため廃棄物処理業者でも女性営業を増やしているところもある。知識・経験は長年業務に携わっている男性社員にかなわないかもしれないが、顧客が本当に困っていることを聞

き出すといった面では女性の方がたけているのではないだろうか。廃棄物コンシェルジュとして学んできたことを生かし、女性の営業職などがどう活躍していくべきかといったことを教えていけるのは、現状では私だけだと思っている。そのためにも、さらにスキルアップを図っていきたい。

西 男性、女性の得意なところをそれぞれ生かしていけばいい。「差別」ではなく「区別」していくことが大切だ。

――環境問題にどう取り組むべきか。

西 環境とは本来もっと生活に密接なものであると思うが、そうした考えが多くの企業で欠けているように感じている。生活することは環境に取り組むこととイコールであるということをもっと意識して環境ビジネスに取り組まなければ、企業の自己満足で終わってしまうのではないだろうか。

武本 ものが多くて便利な時代だからこそ、環境配慮型商品の開発というのではなく、環境配慮型の生活スタイルを浸透させて、その中で自社の製品を使ってもらうという発想が大事だと思う。自分たちが使ったものがどのようにリサイクルされているのか、一般には理解していない人が多いので、廃棄物処理やリサイクルを手掛けている企業にはもっともっと情報発信していってほしい。

上田 特に子どもたちには大人たちが、ものが作られ廃棄され、また再利用されるといった流れをきちんと教えて子どもたちの視野を広げていかなければならないと感じている。学校でも環境に関する授業が増えてきていると聞くが、大人が子どもや学生たちに環境について教える機会をより多く作っていくことも私たちのミッションだと思っている。もっと子どもたちが体験できるリサイクル工場の見学イベントなどもあっていいと思う。

西　環境問題はどれだけ主体的にとらえられるかが重要だ。不法投棄を目撃しても他人事だと思ったらそれまでだが、それが環境に害を及ぼし、自分たちの生活に影響するかもしれないと思えれば、行動につながってくるだろう。

武本　小学校などに向けたリサイクルの教材を作るのもいいのではないかと思っている。プラスチックなど生活の身の回りで使われているものが、それぞれどのような工程でリサイクルされているのかというのを一冊の本にまとめて、学校で使ってもらうというのは有意義だと思う。できれば私自身もそうしたものの作成に携わっていきたい。

——今後の目標などは。

武本　人材育成など、形にないものをいかに利益につなげるかということに取り組んできたいと思っている。目に見えないものの価値をどのように表現し事業化していくか、その仕組みづくりに挑戦していきたいと思っている。

西　プラスチックの上流から下流という縦のつながりをもっと密にしていきたいと思っている。商品作りから廃棄、リサイクルまでを人でつなげてソリューションの形を確立していきたい。

上田　私は未来も今と同じ生活ができるようにということを念頭に、これからも楽しくエコを伝えていきたい。絵や文章、歌など柔らかいアプローチで、周りの環境意識を少しでも高められたらいいと思っている。

（環境新聞　2014年4月2日、16日掲載）

特別対談
「マチごとエコタウン所沢構想」を積極展開
初の「マチエコ大使」任命

所沢市長　藤本 正人 氏
所沢市マチエコ大使（環境ナビゲーター）　上田 マリノ 氏

埼玉県所沢市は藤本正人市長のもと、「マチごとエコタウン所沢構想」を策定し環境活動に積極的に取り組んでいる。そして今年度から、同市在住で環境新聞にコラムを連載中の環境ナビゲーター・上田マリノ氏が、同市の「マチエコ大使」に任命された。「観光大使」などは多く存在するが、「マチエコ大使」は全国でも珍しい。そこで、藤本市長と上田氏に、所沢市の環境への取り組み、マチエコ大使への期待やその意義などについて話し合ってもらった。

——環境問題に対する考え方は。

藤本　大震災、原発事故を経験して感じた多くのことを、後世の人たちに伝えていくのがわれわれの仕事だと思っています。そして、人間は自然の一部だということをしっかりと自覚しなければなりません。これまで自然を抑圧して快適さ、便利さを追求してきましたが、このままでは取り返しのつかないことになります。いまが良ければそれでいいということではないので、未来を意識して、未来の人たちから借り受けた今の環境をしっかりと残してバトンを渡していかなければならないと考えています。

上田　私も自然との共生がとても大事だと思っています。私の世代は子どものころにあまり環境教育を受けたことがなかったので、自分優先になってしまう人も多かったと思います。その当時はみどりも溢れていて不自由を感じることはありませんでしたが、東日本大震災や地球サミットなどで社会の意識が変わって行き、私たちの世代でも環境意識の強い人は行動も変わってきました。しかし、まだまだ子育て世代であるのにもかかわらず自分中心の人もいるので、そこをどう変えていくのかが課題だと思っています。そして、次世代の子供たちにどのようにエコを伝えていくかということが、私の命題だと考えています。

——所沢市の環境施策の進捗については。

藤本　当市では昨年３月に「マチごとエコタウン所沢構想」を策定して取り組みを始めたところです。「もったいない」の概念など、少し古臭い感じもしますが、改めてしっかりと考えていきたいと思っています。「みどり」については、所沢は都心に近いにもかかわらずみどりが豊かではありますが、しっかりと意識していかないとすぐに失われてしまいかねません。計画は策定しましたが、どのように実践していくべきかは、まだまだこれからの課題だと考えています。いま雑紙の回収や生ごみの処理、フードバンクなど素朴ですが効果のある取り組みが徐々に芽を出し始めているところです。今後大きく育っていくと良いと思っています。

——子供たちへの環境教育をどう考えるか。

上田　私は初代マチエコ大使に選んでいただきましたが、２代目、３代目のマチエコ大使が生まれていくような街になってほしいと思っています。そうした環境意識を持った子どもたちを育てて行かなければいけないと感じているところです。

藤本　短時間で受講できるような専門のプログラムを作って教育するということも考えられるでしょう。先日富良野を訪れ、倉本聰さんにお会いした。倉本さんは今の地球環境は未来の子どもたちから借り受けているものだという意識で活動を実践されていて、「富良野自然塾」を開催されています。そこでは森林再生の場を中心として、「地球」、「五感」をキーワードにした心に響く体感的なプログラムを通じて、地球環境と人の生き方を見つめ直すという教育プログラムが実施されています。そうした取り組みを東京の立川市にある国営昭和記念公園でも昨年度より開催されているそうなので、当市でも活用できれば良いと考えています。

——マチエコ大使に期待することは。

藤本　観光大使というのは多くの自治体で採用していますが、マチエコ大使というのはあまりないでしょう。せっかくマチごとエコタウン構想を進めて行くのだから、それを明るく広めてくれる存在があれば良いと考えていたところに上田さんの存在を知り、適任だと思いました。本来環境活動は地味で、決して格好良いものではありません。お洒落ではないし、メジャーにもならない。もう少しお洒落に、皆が取り組みやすいようなアプローチができればと思っていました。例えば、フェアトレードを推奨している人や、ちょっとしたボランティアを推奨している人たちは皆お洒落で、若い世代もついていきやすい。上田さんにはそうした部分も期待しています。

――マチエコ大使に任命されて感じていることは。

上田　非常に光栄なことだと感じています。私自身所沢はみどりも多く住んでいて心地良いと感じていて、この心地よさを継続させていきたいと思っていました。そのための活動に関われることは非常に嬉しいです。やはりエコは地味でダサいというイメージがあるので、そこを払しょくして楽しくお洒落な面も取り入れながらエコを広めていきたいと考えています。私は環境問題のために我慢することも必要だとは思いますが、我慢にも限界があるので、それぞれが自然等と折り合いの付けられるところを見つけ出すことが大事だと考えます。また、実際にやってみたら我慢に感じないということもあると思うので、皆とコミュニケーションを取りながらそうしたところを見つけて行きたいです。

――所沢市の環境事業の今後は。

藤本　いま世間で言われているエコは、再生可能エネルギーなど最先端の技術を使った、従来と同じベクトルを向いた路線のものだと感じています。当市はそれだけではなくライフスタイルを見直していくなど、違う方向にもベクトルを向けています。だからこそ「もったいない」や「みどり」といったことを重視しており、そこがほかの市町村とは違うところではないかと考えています。さらに今年は埼玉県とタイアップして松が丘地区をエコタウン化していくプロジェクトも進んでいます。みどりの保全については力を入れてきたが、これからは街中のみどりにも注目するなど、まだまだ、さまざまな取り組みを進めて行きたいと考えています。

（環境新聞　2015年9月9日掲載）

（特別編のインタビュー、鼎談、対談の
文責は環境新聞社編集部・黒岩 修）

エコ娘からエコママに

― 子育てに追われる日々…だけど夢をあきらめくない!!

2016年末に待望の第一子を出産しました。新生児のお世話は知らないことだらけ！少しのミスも許させないと思い、情報を集めるために授乳しながらスマホとにらめっこ。授乳、オムツ替え、夜泣きを繰り返す毎日。痛みで指を動かせなくなるほどの腱鞘炎になり、美容院、歯医者、リフレッシュなど自分のためになることは何1つできないのは当たり前。小さな赤ちゃんがいると、なかなか外にも出られないので誰とも会話しない毎日を過ごしました。

娘は日々成長していくため、ネットで得た情報もすぐに古くなりまた検索。不安になるとまた検索。生後3ヶ月頃、私は毎日毎日何をやっているんだろう…と自分自身を見失い、混乱し、泣き続けました。生後6ヶ月でも1歳になる頃でも、日々悩み、ストレスを感じ続けていました。もちろん娘の健やかな成長が私の願いです。でも自分自身の夢や、やってみたいこと、自分が調べ

たいと思ったことに時間を費やせない日々が続き、先の見えない生活に心を閉ざしていました。

今まで誰にも言っていなかったのですが、私の夢の一つに「環境の本をつくる」ことがありました。いつかエコをテーマにした絵本を作りたいなぁ…と漠然と思っていました。娘が1歳になる頃、以前環境新聞社様から連載の書籍化をすすめられたことを思い出し、何かしたいという気持ちも後押しとなり、本をつくるタイミングを感じました。

絵本もいいけど、こだわって取材してきたものを活かしてかたちにするのもいいな…素敵な取り組みが沢山あったから、新聞購読者さんにも本を見てもう一度思い出して欲しいし、この本をきっかけに自分も何かやってみようという人が現れたらとってもいいな…！と思い、また、2018年で自身の活動10周年という理由もあり書籍化を計画しはじめました。そして何よりもこう思いました。

「子育てママでも夢を諦めず、挑みたい」

産後の辛かった日々をバネにして、次に進みたいと思いました。誰かのエコアクションのきっかけになる内容を、女性の活躍を、業界の努力を、1冊の本に。

とはいえこの原稿を書いている時、家で育児をしながら何か制作したり表現したりすることの難しさを実感しました。結局誰かに娘をみてもらわなくては集中してとりかかることができないのです。私の今後の活動はとてもゆっくりかもしれません。でもこの本の制作を機に再始動したということは自分の中で大きな一歩です。

2年前、連載最後の原稿で「子育てが落ち着いた頃に問題解決へ向けた機会創出の場づくりへ再びチャレンジしたいなと思っています」と述べましたが、今もその気持ちを持ち続けています。深刻化する環境問題に向けて、少しずつではありますがこれからもアプローチし続けたいと思っています。エコ娘からエコママに進化した姿に、ご期待ください！

（2018年11月　書き下ろし）

あとがき

環境問題かぁ…大切なのはわかっているけど、忙しくて自分には何もできないよ…と思われている方！あなたにもできるエコアクションがあります！それは、本書に登場した活動や事業を応援することです。SNSで「♡」するだけでも応援になります！

本書の「はじめに」でも「いま私たちにできること」のヒントが本の中につまってますとお伝えしましたが、「いま私たちにできること」の答えの1つは、ずばり「応援すること」なのです。SNSでの「♡」というアクションはとても小さい応援ですが、こういった小さな応援が積み重なることで、次のエコアクションへつながっていくと信じています。もちろんささやかな応援以外にもちゃんと行動を起こすことも大事ですが、忙しい中でも現代だからこそできるプチエコアクション「♡」をおすすめします！

またインタビューの内容は連載当時のものなので、事業や活動にアップデートがある方も多くいらっしゃいます。ぜひ気になった活動をご検索いただき、ここに登場した女性たちが現在どのような活動展開をされているのかチェックしてみてください。これも応援につながります！

本書の発行はクラウドファンディングで実現することができました。ご支援くださった方と一緒に本を作ったと感じています。ここにご協力くださった方のお名前・ハンドルネームを記させてください。

発行協力（順不同・敬称略）

Shuta Mano、beenscompany、宮坂恵美、machumoto、kabechan、
masuo karakama、fmoriko、kojinaka、石渡正佳、noname01、m.k、
karaagedaisuki、huskytokyo、Ken Mauxhi、森のシンガーソングライター 証、
itoact110、Akikoy、藤川理子、hamaba、ryotodo817、Ecoyurika、lovelyearth、
Akira E、Yumiko Umehara Ishimori、kazu1216、semichan、黒田敏康、Kazani
Amin、k.u、Kyoko_B、実践女子大学 菅野元行、siicocco、みんな電力株式会社、
環境プランナーER 柴田良一、shinichiakaike、K Asada、yyamakawa、shigesan、
Kikuko Kuratomi、nikonikouta、yanagidam、Teru chan、Kenji Narita、arupapa、
satsukiohba、mybox、upcycleman、Seiya Miyake、akiraaikyo、Yasushi Kaji、
Jinichi Hiramoto、mudaina、眞鍋重朗、mr0920yutaka、

Photos by yooco minatono

Special thanks
みんな電力株式会社

また執筆にあたり、私の拙い取材に丁寧に応じてくださったインタビュイーの皆さま、本当にありがとうございました。そして編集部である環境新聞社の皆さま、担当の黒岩修さま、本というかたちにしてくださって感謝申し上げます。

そして最後に、この書籍に興味を持って手にとってくださった方へ心からお礼申し上げます。本当に本当にありがとうございます。皆さんの愛を忘れずに、これからも活動していきたいと思います！

環境ナビゲーター　上田マリノ

エコ娘が聞く！環境世代へつなぐ女性39人

2018年12月10日　第1版第1刷発行
著　　者　上田マリノ
発 行 者　波田幸夫
発 行 所　株式会社環境新聞社
〒160-0004　東京都新宿区四谷3-1-3　第一富澤ビル
TEL.03-3359-5371(代)
FAX.03-3351-1939
http://www.kankyo-news.co.jp
印刷・製本　株式会社平河工業社
デザイン　株式会社環境新聞社制作部

ISBN978-4-86018-355-4 C2036　定価はカバーに表示しています。